生物学野外综合实践教学系列教材

秦岭火地塘常见植物图鉴

姜在民　文建雷　主编

科学出版社
北京

内 容 简 介

本书收录了秦岭火地塘生物学实习基地常见植物282种，配有彩色图片750余幅，每种植物都配有2～4张能够反映其分类学形态特征和野生生境的彩色照片，并有简明的文字描述。书中科的编排，蕨类植物采用秦仁昌系统（1978），裸子植物按郑万钧系统（1978），被子植株采用恩格勒系统（1964）。书后还附有中文名和拉丁学名的索引，便于读者查阅。

本书可作为高等院校生物学野外实习的参考书，也可供相关领域科研工作者使用、参考。

图书在版编目（CIP）数据

秦岭火地塘常见植物图鉴／姜在民，文建雷主编.—北京：科学出版社，2013

生物学野外综合实践教学系列教材

ISBN 978-7-03-036715-0

Ⅰ.①秦… Ⅱ.①姜… ②文… Ⅲ.①秦岭—植物—图集 Ⅳ.①Q948.52-64

中国版本图书馆CIP数据核字（2013）第030051号

责任编辑：丛　楠／责任校对：张林红
责任印制：徐晓晨／封面设计：谜底书装

科 学 出 版 社 出版
北京东黄城根北街16号
邮政编码：100717
http://www.sciencep.com

北京建宏印刷有限公司 印刷
科学出版社发行　各地新华书店经销

*

2013年3月第 一 版　开本：787×1092　1/16
2019年2月第三次印刷　印张：10 1/2
字数：248 000

定价：98.00 元
（如有印装质量问题，我社负责调换）

"生物学野外综合实践教学系列教材"编写指导委员会

主　任　赵　忠
副主任　陈玉林
委　员　黄德宝　胡景江　姜在民　李周岐
　　　　　高亚军　郭满才　姚军虎　师学文

《秦岭火地塘常见植物图鉴》
编写委员会

主　编　姜在民　文建雷
参　编　郭晓思　易　华　蔡　靖　刘培亮
　　　　卢　元　杜　诚　汪　远　吴振海
　　　　杨平厚　崔宏安　刘建才　苗　芳
　　　　张宏昌　杨文权

序 Foreword

生物学教学是农科类本科人才知识结构建造的基础，其实践能力培养是人才培养质量的基石。进入新世纪以来，环境问题的日益凸显，给生物学教学提出了新的要求和挑战。了解自然，探索自然，处理好人与自然的关系，加强生态文明教育是现代大学，特别是农林院校应对全球气候变化和日益严重的环境问题必须承担的历史使命。

农科类专业的生物学实践教学包括了生态学、植物学、土壤学、气象学和动物学等课程的内容。在传统的教学模式下，实践教学以课程为单元进行，知识割裂、缺乏基于生态系统情景的学习和实践，不利于学生综合运用所学知识、认识和研究生态系统能力的培养以及生态文明意识的养成，难以调动学生主动学习的积极性。2005年以来，西北农林科技大学根据"厚基础，宽口径，强实践，重创新，具有国际视野"的人才培养总体目标，坚持以创新实践能力培养为突破口，依托国家教育体制改革项目和陕西省教育教学改革项目，以学校秦岭火地塘教学实验林场为平台，围绕"知识获取"、"能力提高"和"生态文明素养养成"三条主线，提出"亲近自然，崇尚科学，生态文明"的教育教学理念，打破课程壁垒，系统整合生态学、植物学、土壤学、气象学和动物学的实践教学内容，构建生物学野外综合实践教学内容新体系；组建教学团队，采用情景式教学，充分调动学生获取知识、探索自然的积极性，将生态文明教育有机融入生物学野外实践教学，提高学生的生态文明素养，收到了很好的效果。

《秦岭火地塘常见植物图鉴》是我校"生物学野外综合实践教学系列教材"之一，书中收录了秦岭火地塘生物学实习基地常见植物95科、242属、282种，配有彩色图片750余幅，图片生动表现了其分类学形态特征和野生生境，并配以简明的文字描述，学生在生物学实习中可以更为便捷、准确地识别、鉴定植物，了解其地理分布和对生境的指示作用。同时，书中列出的野生保护植物使学生借助图片易于辨析，从而避免盲目采集，提高了学生保护野生植物资源意识。

相信本书的编写出版将会进一步提高我校生物学综合实习的质量，并对学生生态文明素养养成起到积极作用。

西北农林科技大学常务副校长

前言 Preface

随着我校生物学综合实习改革的深入，对高质量实习教材及参考书的需求日趋紧迫，以往的实习参考书多以文字为主，学生在使用时缺乏直观效果，为了便于在实习中对植物的认知，提高鉴定植物的效率和实习质量，我们组织编写了《秦岭火地塘常见植物图鉴》一书，希望本书能使学生在实习中对植物的鉴别更加直观、快捷和方便，同时感受到大自然中千姿百态的植物的美。

火地塘是西北农林科技大学的主要教学实验实习基地之一，同时也是重要的科学研究基地，处于秦岭中段南坡，北纬 33°18′~33°28′，东经 108°21′~108°39′，东西长约 7km，南北宽约 6km，总面积 2037hm^2。基地所在地区地形复杂，其北界的平河梁为秦岭山脉的大支梁之一，山势东高西低，海拔 800~2500m。境内 11 条大沟，均具山溪性水流特点，溪流经南界的长安河注入子午河，后汇入汉江。

实习基地所在区域属北亚热带气候，植物生长旺盛，森林覆盖率达 91.8%，区内植物资源丰富，共有种子植物 127 科、534 属、1235 种（含种下单位）；温带成分优势明显，并含有一定的热带成分；多种植物区系成分汇集，具有明显的过渡性；区系起源古老，孑遗成分多，进化上原始类型的科、属较多，间断分布现象明显；珍稀濒危植物众多；植被垂直带谱明显，在 50km 范围内能够看到从亚热带到寒温带的所有植被类型。

丰富的植物资源、多样的植被类型、鲜明的垂直分布序列，使火地塘成为秦岭生物学实习最为适宜的地点。

本书选取了秦岭火地塘常见植物 95 科、242 属、282 种（含种下单位），其中蕨类植物 12 科、17 属、18 种，裸子植物 3 科、7 属、8 种，被子植物 80 科、218 属、256 种（含种下单位），共有生境照片 750 余幅。限于篇幅，在种的选择上，我们尽量包含更多的科、属，因此每个属一般只选 1~2 种常见的植物，以便于学生能通过本书识别更多的科、属类群。书中科的编排蕨类植物采用秦仁昌系统（1978），裸子植物按郑万钧系统（1978），被子植株采用恩格勒系统（1964）。种的界定基本遵循《中国植物志》的分类学观点，同时还将《秦岭植物志》中使用的与之不同的中文名作为俗名保留，列于种名之后，便于使用者对照。列入国家和陕西省野生保护植物名录的物种，均在种名后以"*"号标出，以利于学生识别，避免盲目采集。

本书适用于农林院校和综合院校生物类相关专业的生物学综合实习使用。

本书编写过程中，得到了西北农林科技大学常务副校长赵忠教授的关心和支持，对编写内容提出了许多宝贵的指导意见，并在百忙之中亲自为本书作序；也得到了西北农林科技大学教务处陈玉林处长、黄德宝副处长，生命科学学院副院长胡景江教授的大力支持；西北农林科技大学生命科学学院植物研究所的老师们也对编写工作给予了多方面的帮助。谨此，表示衷心感谢！

  本书由西北农林科技大学姜在民、文建雷、郭晓思、易华、蔡靖、刘培亮、卢元、吴振海、杨平厚、崔宏安、刘建才、苗芳、张宏昌、杨文权，以及上海辰山植物园杜诚、汪远共同编写。

  我们希望本书能够较好地满足生物学综合实习的需要，但由于编者水平有限，书中难免会有疏漏和不妥之处，敬请使用本书的教师和学生批评指正。

编 者
2013 年 2 月

目录 Contents

序
前言

蕨类植物

瓶尔小草科 2
　001 心脏叶瓶尔小草
中国蕨科 2
　002 陕西粉背蕨
铁线蕨科 3
　003 白背铁线蕨
裸子蕨科 3
　004 普通凤丫蕨　005 耳羽金毛裸蕨
蹄盖蕨科 4
　006 中华蹄盖蕨　007 大叶假冷蕨
铁角蕨科 5
　008 铁角蕨
球子蕨科 6
　009 中华荚果蕨
岩蕨科 6
　010 耳羽岩蕨
鳞毛蕨科 7
　011 革叶耳蕨　012 贯众
水龙骨科 8
　013 中华水龙骨　014 华北石韦　015 有边瓦韦
卷柏科 9
　016 兖州卷柏
木贼科 10
　017 木贼　018 问荆

裸子植物

松科 12
　　019 油松　　020 华山松　　021 华北落叶松　　022 巴山冷杉　　023 云杉　　024 铁杉

三尖杉科 15
　　025 粗榧

红豆杉科 15
　　026 红豆杉*

被子植物

胡桃科 17
　　027 野核桃　　028 华西枫杨

杨柳科 18
　　029 川鄂柳

桦木科 18
　　030 红桦　　031 藏刺榛　　032 千金榆

壳斗科 20
　　033 栓皮栎　　034 锐齿槲栎

荨麻科 21
　　035 细野麻　　036 珠芽艾麻　　037 山冷水花

蓼科 22
　　038 中华抱茎蓼　　039 酸模叶蓼

商陆科 23
　　040 商陆

石竹科 24
　　041 翻白繁缕　　042 蔓孩儿参　　043 鄂西卷耳　　044 石生蝇子草　　045 狗筋蔓

木兰科 26
　　046 武当木兰

五味子科 27
　　047 华中五味子

樟科 27
　　048 木姜子　　049 山胡椒

水青树科 28
　　050 水青树*

领春木科 29
　　051 领春木

毛茛科 29
　　052 川陕金莲花　　053 驴蹄草　　054 华北楼斗菜　　055 无距楼斗菜　　056 长柄唐松草　　057 升麻

058 类叶升麻　059 松潘乌头　060 花葶乌头　061 褐鞘毛茛　062 茴茴蒜　063 短柱侧金盏花　064 大火草　065 小花草玉梅　066 绣球藤

小檗科 37
067 假豪猪刺　068 三枝九叶草

木通科 38
069 牛姆瓜　070 猫儿屎

金粟兰科 39
071 银线草

马兜铃科 39
072 异叶马兜铃

芍药科 40
073 美丽芍药*　074 川赤芍

猕猴桃科 41
075 中华猕猴桃*　076 四萼猕猴桃*　077 藤山柳

藤黄科 42
078 黄海棠　079 贯叶连翘

罂粟科 43
080 荷青花　081 川东紫堇　082 北岭黄堇　083 蛇果黄堇

十字花科 45
084 山萮菜　085 大叶碎米荠

景天科 46
086 大苞景天　087 费菜　088 火焰草　089 菱叶红景天

虎耳草科 48
090 球茎虎耳草　091 鸡肫梅花草　092 柔毛金腰　093 黄水枝　094 七叶鬼灯檠　095 落新妇　096 山梅花　097 异色溲疏　098 东陵绣球　099 糖茶藨子

蔷薇科 53
100 中华绣线梅　101 光叶粉花绣线菊　102 光叶高丛珍珠梅　103 灰栒子　104 湖北花楸　105 唐棣　106 陇东海棠　107 棣棠花　108 插田泡　109 弓茎悬钩子　110 山莓　111 路边青　112 东方草莓　113 银露梅　114 绢毛匍匐委陵菜　115 狼牙委陵菜　116 龙芽草　117 峨眉蔷薇　118 钝叶蔷薇　119 稠李　120 多毛樱桃　121 四川樱桃

豆科 64
122 天蓝苜蓿　123 白花草木犀　124 多花木蓝　125 紫云英　126 圆锥山蚂蝗　127 长柄山蚂蝗　128 美丽胡枝子　129 杭子梢　130 广布野豌豆　131 两型豆　132 葛

牻牛儿苗科 70
133 鼠掌老鹳草　134 湖北老鹳草

大戟科 71
135 湖北大戟

苦木科 71
136 苦树

马桑科 72
　　137 马桑

漆树科 72
　　138 漆　　139 青麸杨

槭树科 73
　　140 金钱槭　　141 青榨槭

清风藤科 74
　　142 泡花树

凤仙花科 75
　　143 陇南凤仙花　　144 阔苞凤仙花

卫矛科 76
　　145 粉背南蛇藤　　146 卫矛　　147 角翅卫矛

省沽油科 77
　　148 膀胱果

鼠李科 78
　　149 勾儿茶

葡萄科 78
　　150 葛藟葡萄

椴树科 79
　　151 少脉椴

瑞香科 79
　　152 黄瑞香

胡颓子科 80
　　153 牛奶子　　154 披针叶胡颓子

堇菜科 81
　　155 白花堇菜　　156 北京堇菜　　157 双花堇菜

旌节花科 82
　　158 中国旌节花

秋海棠科 83
　　159 中华秋海棠

葫芦科 83
　　160 南赤瓟

柳叶菜科 84
　　161 毛脉柳兰　　162 光滑柳叶菜

八角枫科 85
　　163 八角枫

山茱萸科 85
　　164 梾木　　165 灯台树　　166 四照花　　167 青荚叶

五加科 87
168 蜀五加　169 大叶三七　170 常春藤　171 楤木

伞形科 89
172 长序变豆菜　173 紫花大叶柴胡　174 小窃衣　175 菱叶茴芹

鹿蹄草科 91
176 鹿蹄草

杜鹃花科 92
177 秀雅杜鹃

报春花科 92
178 齿萼报春　179 过路黄　180 腺药珍珠菜

山矾科 94
181 白檀

木犀科 94
182 宿柱梣　183 垂丝丁香　184 巧玲花　185 蜡子树

龙胆科 96
186 双蝴蝶　187 椭圆叶花锚　188 苞叶龙胆　189 卵叶扁蕾　190 獐牙菜

萝藦科 99
191 朱砂藤　192 竹灵消

茜草科 100
193 茜草　194 六叶葎　195 四叶葎　196 鸡矢藤

旋花科 102
197 旋花　198 金灯藤

紫草科 103
199 钝萼附地菜

马鞭草科 103
200 海州常山　201 莸

唇形科 104
202 活血丹　203 夏枯草　204 糙苏　205 鼬瓣花　206 宝盖草　207 野芝麻　208 益母草　209 斜萼草　210 甘露子　211 麻叶风轮菜　212 鸡骨柴

茄科 110
213 青杞　214 挂金灯

醉鱼草科 111
215 大叶醉鱼草

玄参科 111
216 沟酸浆　217 通泉草　218 疏花婆婆纳　219 小婆婆纳　220 短腺小米草　221 山西马先蒿　222 藓生马先蒿　223 返顾马先蒿

苦苣苔科 115
224 珊瑚苣苔

列当科 116
　　225 列当
忍冬科 116
　　226 苦糖果　227 盘叶忍冬　228 桦叶荚蒾　229 莛梗花　230 莛子藨
败酱科 119
　　231 墓头回　232 缬草
川续断科 120
　　233 日本续断
桔梗科 120
　　234 石沙参　235 丝裂沙参　236 紫斑风铃草　237 川党参
菊科 122
　　238 三脉紫菀　239 一年蓬　240 大花金挖耳　241 黄腺香青　242 珠光香青　243 粗毛牛膝菊
　　244 云南蓍　245 甘菊　246 毛裂蜂斗菜　247 款冬　248 蹄叶橐吾　249 华蟹甲　250 蒲儿根　251 魁蓟
　　252 福王草　253 毛连菜
百合科 130
　　254 托柄菝葜　255 粉条儿菜　256 萱草　257 黄花油点草　258 玉竹　259 管花鹿药　260 万寿竹
　　261 七叶一枝花*　262 藜芦　263 大百合　264 绿花百合*　265 川百合　266 卵叶韭
薯蓣科 137
　　267 穿龙薯蓣*
鸭跖草科 137
　　268 鸭跖草　269 竹叶子
禾本科 138
　　270 早熟禾
天南星科 139
　　271 一把伞南星
莎草科 139
　　272 香附子　273 宽叶薹草
兰科 140
　　274 毛杓兰*　275 广布红门兰*　276 凹舌兰*　277 尖唇鸟巢兰*　278 火烧兰*　279 银兰*　280 羊耳蒜*
　　281 杜鹃兰*　282 布袋兰*

植物种中文名索引 145
植物种拉丁学名索引 148

蕨类植物

001 心脏叶瓶尔小草 Ophioglossum reticulatum
（心叶瓶尔小草）　　　　瓶尔小草科 Ophioglossaceae　瓶尔小草属 Ophioglossum

　　根状茎短细，直立，有少数粗长的肉质根；总叶柄淡绿色，基部灰白色；营养叶片卵形，先端钝头，基部心形，有短柄，边缘呈波状，网状脉明显；孢子叶自营养叶柄的基部生出，细长，孢子囊穗纤细。

　　秦岭南北坡部分县有分布；生于海拔1300m左右的林下及竹林下。

营养叶　植株

002 陕西粉背蕨 Aleuritopteris shensiensis
中国蕨科 Sinopteridaceae　粉背蕨属 Aleuritopteris

　　根状茎短而直立；叶簇生；叶柄栗红色，基部疏生鳞片；叶片五角形，尾状长渐尖，长宽几相等，基部三回羽裂，中部二回羽裂，顶部一回羽裂；基部一对羽片最大；叶脉不显，上面光滑，下面无粉末；孢子囊群线形或圆形。

　　秦岭东段及太白山、宁陕县等地有分布；生于海拔800~1500m的潮湿石头上。

植株　孢子囊群

003　白背铁线蕨 Adiantum davidii

铁线蕨科 Adiantaceae　铁线蕨属 Adiantum

根状茎长而横走,密被鳞片;叶远生,草质或纸质;叶柄坚硬,栗红色;叶片卵形,三回羽状;下部羽片具短柄,向上几无柄;末回小羽片扇形,上缘不育处有阔三角状的密而尖的齿,顶端成短芒刺;孢子囊群圆肾形,着生于末回小羽片上缘的缺刻内,每末回小羽片有1枚,少有2枚;囊群盖棕褐色。

秦岭各地广泛分布,为林下最常见的蕨类植物之一;生于海拔1000~2000m的潮湿处或溪边岩石上。

植株　　　　　　　　　　　　　　　　孢子叶背面

004　普通凤丫蕨 Coniogramme intermedia

裸子蕨科 Hemionitidaceae　凤丫蕨属 Coniogramme

根状茎横走;叶草质,背面有疏短柔毛;叶柄禾秆色;叶片和叶柄等长或稍短,卵状三角形或卵状长圆形,二回羽状;侧生羽片基部一对最大,羽片和小羽片边缘有斜上的锯齿;叶脉顶端的水囊线形,伸入锯齿;孢子囊群沿侧脉分布,达叶边不远处。

秦岭各地广布,为最常见的蕨类植物之一;生于海拔1000~2500m的林下。

孢子叶背面　　　　　　　　　　　　　植株

005 耳羽金毛裸蕨 Gymnopteris bipinnata var. auriculata
（耳羽川西金毛裸蕨）　　　　　裸子蕨科 Hemionitidaceae　金毛裸蕨属 Gymnopteris

　　根状茎横卧或斜升，密被鳞片；叶丛生或近生，软草质，两面被绢毛；叶柄亮栗褐色，被淡棕色长绢毛；叶片披针形，一回奇数羽状复叶；羽片卵形，基部深心形，两侧常扩大成耳形或有1~2片分离小羽片，全缘，互生；叶轴及羽轴均密被毛；孢子囊群沿侧脉着生，隐没在绢毛下。
　　秦岭各地广布；生于海拔900~2000m的干旱岩石上。

植株　　孢子叶正面　　孢子叶背面

006 中华蹄盖蕨 Athyrium sinense
蹄盖蕨科 Athyriaceae　蹄盖蕨属 Athyrium

　　根状茎短，直立；叶簇生，草质，浅褐绿色，两面无毛；叶柄黑褐色，向上禾秆色；叶片长圆状披针形，先端短渐尖，基部略变狭，二回羽状；基部的羽片近对生，向上的互生；孢子囊群多为长圆形，生于基部上侧小脉；囊群盖同形，浅褐色，膜质，边缘啮蚀状，宿存。
　　秦岭中部及以西地区有分布；生于海拔1400~2800m的山谷林下。

叶正面　　植株　　孢子囊群

007 大叶假冷蕨 Pseudocystopteris atkinsonii

蹄盖蕨科 Athyriaceae　假冷蕨属 Pseudocystopteris

　　根状茎横卧；叶近生或远生，草质，黑褐色，两面无毛，主脉上面有间断的槽状隆起；叶柄基部黑褐色，向上渐变为禾秆色；叶片阔卵形，宽与长几相等，二回羽状至四回羽状；孢子囊群圆形或椭圆形，背生或半侧生于裂片基部上侧的小脉上；囊群盖圆肾形，膜质，边缘略啮蚀，易脱落。

　　秦岭各地均有分布；生于海拔1400~2400m的林下阴湿处。

植株　　孢子叶背面　　成熟的孢子囊群

008 铁角蕨 Asplenium trichomanes

铁角蕨科 Aspleniaceae　铁角蕨属 Asplenium

　　根状茎短而直立，密被鳞片；叶密集簇生，纸质，草绿色至棕色；叶柄栗褐色，基部密被鳞片，向上光滑，两边有狭翅，常叶片脱落而柄宿存；叶片长线形，一回羽状；孢子囊群阔线形，位于主脉与叶边之间，不达叶边；囊群盖阔线形，灰白色，膜质，全缘。

　　秦岭各地广布，为最常见的蕨类植物之一；生于海拔1300~2500m的林缘较干旱的石堆中。

植株　　孢子叶背面

009 中华荚果蕨 Matteuccia intermedia

球子蕨科 Onocleaceae　荚果蕨属 Matteuccia

根状茎短而直立；叶多数簇生，纸质，无毛，二型，能育叶比不育叶小；不育叶叶柄基部黑褐色，向上为深禾秆色，叶片椭圆形，二回深羽裂；能育叶一回羽状，羽片线形，两侧反卷成荚果状；孢子囊群圆形，着生于囊托上；无囊群盖，为变质的叶缘所包被。

秦岭华山、宁陕县等地有分布；生于海拔 1500～3200m 的山谷林下。

孢子叶  ｜ 植株

010 耳羽岩蕨 Woodsia polystichoides

岩蕨科 Woodsiaceae　岩蕨属 Woodsia

根状茎短而直立，先端密被鳞片；叶纸质，草绿色或棕绿色；叶柄禾秆色，顶端有倾斜的关节，基部被鳞片；叶片狭披针形，一回羽状，羽片近对生，基部一对呈三角形；孢子囊群圆形，着生于二叉小脉的上侧分枝顶端，靠近叶边；囊群盖杯形，边缘浅裂并有睫毛。

秦岭各地广布，为最常见的蕨类植物之一；生于海拔 1000～2300m 的林下石上或石缝中。

植株  ｜ 孢子叶背面

011　革叶耳蕨 Polystichum neolobatum

鳞毛蕨科 Dryopteridaceae　耳蕨属 Polystichum

根状茎直立；叶簇生，革质或硬革质，背面有纤维状分枝的鳞片；叶柄禾秆色，密生披针形鳞片；叶片狭卵形，先端渐尖，二回羽状；小羽片先端渐尖成刺状，基部上侧第一片最大；孢子囊群位于主脉两侧；囊群盖圆形，盾状，全缘。

秦岭太白山以东有分布；生于海拔 1400～2800m 的灌木林下及阴湿岩石上。

012　贯众 Cyrtomium fortunei

鳞毛蕨科 Dryopteridaceae　贯众属 Cyrtomium

根状茎直立，密被棕色鳞片；叶簇生，纸质，两面光滑；叶柄禾秆色，腹面有浅纵沟，密生深棕色鳞片；叶片矩圆披针形，奇数一回羽状；侧生羽片多少上弯成镰状，顶生羽片狭卵形，下部有时有 1～2 个浅裂片；孢子囊群遍布羽片背面；囊群盖圆形，盾状，全缘。

秦岭各地广布，为最常见的蕨类植物之一；生于海拔 500～2100m 的林缘、山谷和田边等各种环境。

013 中华水龙骨 Polypodiodes chinensis

水龙骨科 Polypodiaceae　水龙骨属 Polypodiodes

　　附生植物；根状茎长而横走，密被鳞片；叶远生或近生，草质，表面光滑，背面疏被小鳞片；叶柄禾秆色，光滑；叶片卵状披针形，羽状深裂，顶端羽裂渐尖或尾尖；裂片线状披针形，边缘有锯齿；孢子囊群圆形，较小，内藏于小脉顶端，靠近裂片中脉着生，无盖。
　　秦岭各地均有分布；生于海拔900～2800m的林下石上或山谷潮湿的石缝中。

植株　　孢子叶背面　　根状茎和叶柄基部

014 华北石韦 Pyrrosia davidii

水龙骨科 Polypodiaceae　石韦属 Pyrrosia

　　根状茎横卧，密被披针形鳞片；叶密生，一型；叶柄长短差异很大，淡绿色，基部被鳞片，向上被星状毛，禾秆色；叶片线状披针形，向两端渐变狭，有时向下延伸几达叶柄基部，全缘；孢子囊群布满叶片下表面，幼时被星状毛覆盖，棕色，成熟时孢子囊开裂而呈砖红色。
　　秦岭各地广泛分布，为最常见的蕨类植物之一；生于海拔1000～2000m的林下石上或树上。

植株　　孢子囊群

015 有边瓦韦 Lepisorus marginatus

水龙骨科 Polypodiaceae　瓦韦属 Lepisorus

根状茎横走，密被软毛和鳞片，老时软毛易脱落；叶近生或远生，软革质，下面多少有小鳞片贴生；叶柄禾秆色；叶片披针形，中部最宽，叶边有软骨质的狭边，多少反折；孢子囊群圆形，着生于主脉与叶边之间，彼此远离，在叶片下面高高隆起，在上面成穴状凹陷。

秦岭各地广布；生于海拔1000～3200m的阴湿岩石上。

016 兖州卷柏 Selaginella involvens

卷柏科 Selaginellaceae　卷柏属 Selaginella

主茎圆柱形，禾秆色，下部不分枝，茎生叶螺旋排列，紧密，上部分枝；叶二型，四列，覆瓦状排列，侧叶披针形，外缘全缘，中叶斜卵形，外缘略有细齿；孢子穗单生于小枝顶端，四棱柱形；孢子叶卵圆形，顶端有芒刺，全缘，具龙骨状突起；大、小孢子囊排列无序。

秦岭各地均有分布；生于海拔500～2000m的疏林下。

017　木贼 Equisetum hyemale

木贼科 Equisetaceae　木贼属 Equisetum

根状茎横走或直立，黑棕色；地上枝多年生；枝一型，绿色，不分枝或基部有少数直立的侧枝；地上枝有脊，无明显小瘤或有小瘤2行；鞘筒黑棕色或顶部及基部各有一圈或仅顶部有一圈黑棕色；鞘齿披针形；孢子囊穗卵状，顶端有小尖突，无柄。

秦岭各地均有分布；生于海拔1200~2200m的疏林下或河边沙地。

植株　　　节（鞘筒）

018　问荆 Equisetum arvense

木贼科 Equisetaceae　木贼属 Equisetum

根状茎斜升，直立或横走；地上枝当年枯萎，枝二型；能育枝春季先萌发，黄棕色，无轮生茎分枝，脊不明显；鞘筒栗棕色或淡黄色，鞘齿栗棕色，狭三角形，孢子散后能育枝枯萎；不育枝后萌发，绿色，轮生分枝多，主枝中部以下有分枝；孢子囊穗圆柱形。

秦岭各地均有分布；生于海拔400~1500m的砂石地带及溪边。

可育枝　　　不育枝

裸子植物

019 油松 Pinus tabuliformis

松科 Pinaceae　松属 Pinus

高大乔木；树皮灰褐色，裂成不规则鳞状；枝平展或向下斜展，老树树冠平顶；冬芽芽鳞红褐色，微具树脂；针叶2针1束，深绿色，横切面半圆形；雄球花圆柱形；球果卵形，向下弯垂，成熟前绿色，熟时淡黄色或淡褐黄色，常宿存树上数年之久。花期4~5月，球果翌年10月成熟。

秦岭陕西各县均有分布；生于海拔1000~2200m的山坡上，为阳性耐寒树种。

枝叶和雄球花　球果枝　植株

020 华山松 Pinus armandii

松科 Pinaceae　松属 Pinus

高大乔木；树皮灰色，裂成长方形厚块片固着于树干上或脱落；枝条平展，形成圆锥形或柱状塔形树冠；冬芽褐色，微具树脂；针叶5针1束；雄球花黄色，卵状圆柱形；球果圆锥状长卵圆形，幼时绿色，成熟时褐黄色，种鳞张开，种子脱落。花期4~5月，球果翌年9~10月成熟。

秦岭南北坡均有分布，陕西各县均能成林；生于海拔1500~2000m的山坡上。

球果　针叶5针1束　雄球花

021 华北落叶松 Larix principis-rupprechtii

松科 Pinaceae　落叶松属 Larix

高大乔木；树皮暗灰褐色，不规则纵裂，成小块片脱落；叶在短枝上簇生；球果直立；苞鳞暗紫色，带状矩圆形，仅球果基部苞鳞的先端露出；种鳞26~45，五角状，顶端截形，上部边缘不反卷；种子三角状倒卵形。花期4~5月，球果10月成熟。

秦岭中部陕西长安区五台山、宁陕县火地塘有引种栽培。

022 巴山冷杉 Abies fargesii

松科 Pinaceae　冷杉属 Abies

高大乔木；树皮粗糙，暗灰色，块状开裂；冬芽卵圆形或近圆形，有树脂；一年生枝红褐色；叶条形，先端凹入或2裂，在枝条下面排成两列，上面深绿色，无气孔线，下面沿中脉两侧有2条粉白色气孔带；球果柱状矩圆形或圆柱形，成熟时紫黑色，直立。花期6~7月。

秦岭南北坡中、西段各地常见；生于海拔2400m以上的山脊上。

023 云杉 Picea asperata

松科 Pinaceae 云杉属 Picea

高大乔木；树皮淡灰褐色，裂成不规则鳞片；小枝一年生时淡黄色，二三年生时灰褐色，叶枕粗壮；冬芽圆锥形，有树脂；叶四棱状条形，常弯曲；球果圆柱状矩圆形，成熟前绿色，熟时淡褐色，种鳞倒卵形。花期4~5月，球果9~10月成熟。

秦岭中部及西段部分县有分布；生于海拔2000~2500m的北向山坡上。

雄球花

枝叶和球果

024 铁杉 Tsuga chinensis

松科 Pinaceae 铁杉属 Tsuga

高大乔木；树皮暗深灰色，纵裂，成块状脱落；大枝平展，枝稍下垂，树冠塔形；冬芽卵圆形，芽鳞背部平圆；一年生枝细，淡黄色，后变淡黄灰色；叶条形，全缘，顶端微凹，基部扭转而成近两列状，中脉隆起，无凹槽，气孔带灰绿色；球果卵圆形，下垂。花期4月，球果10月成熟。

秦岭中段南北坡及西段南坡均有分布；生于海拔2000~2500m的山坡上，常与桦木属或栎属混交。

枝叶

球果

植株

025 粗榧 Cephalotaxus sinensis
（中国粗榧）

三尖杉科 Cephalotaxaceae　三尖杉属 Cephalotaxus

灌木或小乔木；树皮灰褐色，常成片状脱落；小枝对生；叶条形，螺旋状排列，常扭转成两列，基部骤缩，上面深绿色，中脉明显，下面有 2 条白色气孔带；雄球花卵圆形，数枚聚生成头状；种子通常数个着生于轴上，卵圆形，顶端中央有一小尖头。花期 3~4 月，种子 8~10 月成熟。

秦岭南北坡均有分布；生于海拔 1500m 以下的山谷河岸。

026 红豆杉* Taxus chinensis

红豆杉科 Taxaceae　红豆杉属 Taxus

高大乔木；树皮灰褐色或红褐色，裂成条片脱落；大枝开展；冬芽褐色，芽鳞三角状卵形；叶假两行排列，线形略弯，上面深绿色，有光泽，下面淡黄绿色，有两条气孔带；雌雄异株；雄球花淡黄色；种子生于杯状红色肉质的假种皮中，常呈卵圆形，上部渐窄。球果期 9~11 月。

秦岭中、西段南坡有分布，数量较少；生于海拔 1400~2000m 的山坡阴湿处。

被子植物

被子植物 | 17

027 野核桃 Juglans cathayensis
（野胡桃）

胡桃科 Juglandaceae　胡桃属 Juglans

乔木；奇数羽状复叶，具9~17小叶；小叶长卵形，边缘有细锯齿；雄性柔荑花序生于去年生枝顶端叶痕腋内，下垂；雄花被腺毛，雄蕊约13；雌性花序生于当年生枝顶端，直立；子房卵形，柱头2深裂，红色；果实卵形，顶端尖，被毛。花期4~5月，果期8~10月。

秦岭常见；生于海拔800~2000m的山谷或山坡土壤肥沃湿润处。

枝叶 / 雄花序 / 雌花序 / 果序

028 华西枫杨 Pterocarya insignis
（瓦山水胡桃）

胡桃科 Juglandaceae　枫杨属 Pterocarya

乔木；冬芽具柄；奇数羽状复叶；小叶7~13，卵形至长椭圆形，边缘具细锯齿；雄性柔荑花序由叶丛下方芽鳞痕的腋内生出；雄花具雄蕊约9枚，无花丝；雌性柔荑花序单独顶生于小枝上叶丛上方；坚果基部圆，顶端钝，果翅椭圆状圆形。花期5月，果期8~9月。

秦岭南北坡均产；生于海拔1100~2500m的山谷杂木林中。

雄花序 / 果序 / 枝叶

029 川鄂柳 Salix fargesii
（巫山柳）

杨柳科 Salicaceae 柳属 Salix

乔木或灌木；叶椭圆形或狭卵形，边缘有细腺锯齿，叶柄通常有数枚腺体；花序长6~8cm，花序梗长1~3cm，苞片窄倒卵形，雄蕊2，腹腺长方形，背腺甚小，宽卵形；子房有长毛，有短柄，柱头2裂，仅1腹腺，宽卵形；蒴果长圆状卵形，有毛。花期5月，果期6月。

秦岭南北坡均产；生于海拔1900~2200m的林缘、山沟溪旁岩石处。

枝叶 | 雌花序

030 红桦 Betula albosinensis

桦木科 Betulaceae 桦木属 Betula

大乔木；树皮淡红褐色，呈薄层状剥落，纸质；叶卵形，边缘具不规则的重锯齿；雄花序圆柱形，无梗；苞鳞紫红色；果序圆柱形，序梗纤细；果苞中裂片矩圆形或披针形，顶端圆，侧裂片近圆形，长及中裂片的1/3；小坚果卵形，膜质翅宽及果的1/2。花期6月，果期10月。

秦岭南北坡均产；生于海拔2200~3000m的山坡林中。

植株 | 枝叶

031 藏刺榛 Corylus ferox var. thibetica
（刺榛）

桦木科 Betulaceae　榛属 Corylus

小乔木或灌木状；叶宽卵形，先端渐尖，基部斜心形，边缘具不规则重锯齿；雄花序圆柱状，数枚簇生；果实3~6个簇生，果苞背面具或疏或密刺状腺体，针刺状分裂，裂片疏被毛至几无毛；坚果球形，微扁，果皮骨质，光滑。花期5月，果期9~10月。

秦岭南北坡均产；生于海拔1500~2500m的山坡杂木林中。

032 千金榆 Carpinus cordata

桦木科 Betulaceae　鹅耳枥属 Carpinus

乔木；叶厚纸质，卵形或矩圆状卵形，顶端渐尖，基部斜心形，边缘具不规则的刺毛状重锯齿；雄花序下垂，苞片长圆形；雌花序生于当年生枝顶，果序长圆形，苞片宽卵状长圆形，上部及外缘具牙齿，内缘基部有一内卷裂片覆盖小坚果；小坚果卵形。花期5月，果期9~10月。

秦岭南北坡分布普遍；生于海拔1500~2000m的山坡、河谷杂木林中。

033 栓皮栎 Quercus variabilis

壳斗科 Fagaceae　栎属 Quercus

落叶大乔木；树皮黑褐色，深纵裂，木栓层发达；叶片卵状披针形或长椭圆形，叶缘具刺芒状锯齿，侧脉直达齿端；雄花序为下垂的柔荑花序；雌花序生于新枝上端叶腋；壳斗杯形，包着坚果2/3；小苞片钻形，反曲，被短毛；坚果近球形。花期3~4月，果期翌年9~10月。

秦岭广布；生于海拔500~1800m的山沟及山坡上。

034 锐齿槲栎 Quercus aliena var. acutiserrata
（锐齿栎）

壳斗科 Fagaceae　栎属 Quercus

落叶乔木；叶椭圆状长圆形或长圆状倒卵形，先端渐尖或急尖，边缘有锐锯齿，齿尖常有腺体；雄花在柔荑花序上单生或数朵簇生，雄蕊10；雌花单生或簇生于当年生枝叶腋，柱头3裂；壳斗浅杯形，鳞片线状披针形，紧密，暗褐色；坚果长椭圆形或卵状球形。花期4~5月，果期10月。

秦岭南北坡分布普遍；生于海拔700~2000m的山坡。

035 细野麻 Boehmeria gracilis
（野苎麻） 荨麻科 Urticaceae 苎麻属 Boehmeria

亚灌木或多年生草本；茎和分枝疏被短伏毛；叶对生，叶片草质，圆卵形或菱状卵形，顶端骤尖，边缘在基部之上有牙齿，两面疏被短伏毛；穗状花序单生叶腋，通常雌雄异株，若同株，则茎上部的雌性，下部的雄性；雄花花被4，雄蕊4；雌花花被管状；瘦果卵球形。花期6~8月，果期8~9月。

秦岭南北坡均产；生于海拔1200~2600m阴湿荒地或沟旁林边腐殖土上。

036 珠芽艾麻 Laportea bulbifera
（珠芽螫麻） 荨麻科 Urticaceae 艾麻属 Laportea

多年生草本；茎下部多少木质化，有稀疏的刺毛；不生长花序的叶腋偶有木质的珠芽；叶卵形至披针形，先端渐尖，两面生稀疏的刺毛；雌雄同株，花序圆锥状，雄花序生于茎顶部以下的叶腋，雌花序生于茎顶部叶腋；雄花5数，雌花花被4，不等大；瘦果近半圆形。花期6~8月，果期8~12月。

秦岭南北坡均产；多生于海拔1400~1900m间的山坡林下及路旁湿处。

037　山冷水花 Pilea japonica

荨麻科 Urticaceae　冷水花属 Pilea

草本；茎肉质；叶对生，同对的叶不等大；花单性，雌雄同株或异株，雄聚伞花序常紧缩成头状，雌聚伞花序具纤细的长梗；雄花花被4～5；雌花花被5；瘦果卵形，外面有疣状突起，几乎被宿存花被包裹。花期7～9月，果期8～11月。

秦岭中段南北坡均有分布；生于海拔800～1600m的山坡林下或山谷湿地。

038　中华抱茎蓼 Polygonum amplexicaule var. sinense

蓼科 Polygonaceae　蓼属 Polygonum

多年生草本；茎直立，上部分枝；基生叶和下部茎生叶具长柄，卵形，托叶鞘膜质，褐色；上部茎生叶渐抱茎，较小；2～4个花穗构成圆锥花序；花被红色，近5全裂；雄蕊8，花柱3；坚果椭圆形，两端尖，黑褐色。花期7～8月，果期9～10月。

秦岭北坡长安区，南坡宁陕县、旬阳县等地有分布；生于海拔1300～1500m的阴湿山沟或草丛。

039 酸模叶蓼 Polygonum lapathifolium

蓼科 Polygonaceae　蓼属 Polygonum

一年生草本；茎直立，具分枝，节膨大；叶披针形，全缘，边缘具粗缘毛，上面绿色，常有一个黑褐色新月形斑块；托叶鞘筒状，膜质，淡褐色；总状花序呈穗状，顶生或腋生；花被淡红色或白色，4深裂；雄蕊通常6；花柱2；瘦果宽卵形，包于宿存花被内。花期6～8月，果期7～9月。

秦岭南北坡较常见；生于低山区流水沟、近水的草地或低湿洼地。

040 商陆 Phytolacca acinosa

商陆科 Phytolaccaceae　商陆属 Phytolacca

多年生草本；根肥大，肉质；叶片薄纸质，椭圆形；总状花序顶生或与叶对生，密生多花；花被5，白色，椭圆形；雄蕊8～10，花丝钻形，花药粉红色；心皮通常为8，分离；花柱短，直立，顶端下弯，柱头不明显；浆果扁球形，熟时黑色。花期5～8月，果期6～10月。

秦岭极普遍，性喜阴湿；多为栽培或逸生于山沟内、路旁或林下。

041 翻白繁缕 Stellaria discolor

石竹科 Caryophyllaceae　繁缕属 Stellaria

多年生草本；根茎细弱，分枝；叶无柄，叶片披针形；聚伞花序顶生或腋生；萼片5，披针形；花瓣5，短或微长于萼片，白色，2深裂几达基部；雄蕊10，短于花瓣，花药紫红色；子房卵状球形，花柱3，线形；蒴果稍短于宿存萼，6齿裂。花期4~7月，果期6~8月。

产于秦岭南北坡；生于海拔1000~3000m的山间草丛中，一般喜生湿润处。

植株　对生叶　花

042 蔓孩儿参 Pseudostellaria davidii

石竹科 Caryophyllaceae　孩儿参属 Pseudostellaria

多年生草本；块根纺锤形，茎匍匐，细弱；叶片卵形，边缘具缘毛；花单生于茎中部以上叶腋；萼片5，披针形；花瓣5，白色，长倒卵形；雄蕊10；花柱3，稀2；闭花受精花通常1~2朵，腋生；蒴果宽卵圆形，稍长于宿存萼。花期5~7月，果期7~8月。

产于秦岭中西部亚高山地区；生于海拔1500~3200m的山地，常见于阴湿林荫处。

叶和花　花背面　块根

043 鄂西卷耳 Cerastium wilsonii

石竹科 Caryophyllaceae　卷耳属 Cerastium

多年生草本；茎上升，近无毛；基生叶叶片匙形；茎生叶叶片卵状椭圆形；聚伞花序顶生，多数花，具腺柔毛；萼片5，披针形；花瓣5，白色，狭倒卵形，2裂至中部，裂片披针形；雄蕊10，无毛；花柱5，线形；蒴果圆柱形，长为宿存萼一半，裂齿10。花期4~5月，果期6~7月。

产于秦岭南坡；生于海拔1170~2000m的山坡或林缘。

044 石生蝇子草 Silene tatarinowii
（紫萼女娄菜）

石竹科 Caryophyllaceae　蝇子草属 Silene

多年生草本；根圆柱形，茎上升或俯仰；叶片披针形，两面被稀疏短柔毛，边缘具短缘毛；二歧聚伞花序疏松；花萼筒状棒形，萼齿5，三角形；花瓣5，白色，瓣片倒卵形，浅2裂；副花冠片椭圆状；雄蕊明显外露；花柱3，明显外露；蒴果卵形。花期7~8月，果期8~10月。

秦岭南北坡均产；生于海拔1200~2950m的山坡林下或山谷路旁。

045　狗筋蔓 Cucubalus baccifer

石竹科 Caryophyllaceae　狗筋蔓属 Cucubalus

多年生草本，全株被逆向短绵毛；茎铺散；叶片卵形；圆锥花序疏松；花萼宽钟形，后期膨大呈半圆球形，萼齿卵状三角形；花瓣白色，瓣片叉状浅2裂；副花冠片不明显；雄蕊不外露，花丝无毛；花柱3，细长，不外露；蒴果圆球形，呈浆果状。花期6~8月，果期7~9月。

秦岭广布；生于海拔900~2800m的山坡灌丛林缘，有时攀援于路旁篱障上。

046　武当木兰 Magnolia sprengeri
（朱砂玉兰）

木兰科 Magnoliaceae　木兰属 Magnolia

落叶乔木；单叶，互生，叶倒卵形，先端急尖，托叶痕细小；花蕾直立，花先叶开放，杯状；花被12，外面玫瑰红色，有深紫色纵纹；雄蕊多数，花丝紫红色；雌蕊群圆柱形，花柱玫瑰红色；聚合蓇葖果，圆柱形。花期3~4月，果期8~9月。

产于秦岭略阳县、宁陕县、康县；生于海拔1300~2400m的山林间或灌丛中。

047 华中五味子 Schisandra sphenanthera
（西五味子）

五味子科 Schisandraceae　五味子属 Schisandra

落叶木质藤本；叶纸质，倒卵形；花单性，单生于叶腋；花被片橙黄色；雄花花被6~9，雄蕊11~19；雌花花被6~9，雌蕊群卵球形，雌蕊多数，离生，螺旋状紧密排列在花托上；聚合果，成熟小浆果红色。花期4~7月，果期7~9月。

秦岭南北坡广布；生于海拔600~3000m的湿润山坡边或灌丛中。

048 木姜子 Litsea pungens

樟科 Lauraceae　木姜子属 Litsea

落叶小乔木；幼枝黄绿色；叶互生，常聚生于枝顶，披针形或倒卵状披针形；伞形花序腋生，每一花序有雄花8~12朵，先叶开放；花被裂片6，黄色，倒卵形；能育雄蕊9；雌蕊细小；浆果球形，成熟时蓝黑色。花期3~5月，果期7~9月。

秦岭南北坡广布；多生于海拔700~2000m山坡上。

049 山胡椒 Lindera glauca

樟科 Lauraceae   山胡椒属 Lindera

落叶灌木或小乔木；叶互生，宽椭圆形，纸质；伞形花序腋生，每总苞有3~8朵花；雄花花被6，黄色；雄蕊9，退化雌蕊细小；雌花花被6，黄色；子房椭圆形，柱头盘状；浆果球形，黑色。花期3~4月，果期7~8月。

秦岭南北坡均产；生于海拔600~1700m的丘陵及山坡灌丛中。

050 水青树* Tetracentron sinense

水青树科 Tetracentraceae   水青树属 Tetracentron

落叶乔木，有长短枝；单叶，互生，在短枝顶端单生，卵状心形、宽卵形或卵状椭圆形，纸质；穗状花序多花，下垂；花小，黄绿色，簇生；花被4，卵圆形；雄蕊4，与花被片对生；心皮4，花柱4；蓇葖果长圆形。花期6~7月，果期9~10月。

秦岭南北坡均产；生于海拔1400~2400m阴湿的山坡和山沟杂木林中。

被子植物 | 29

051　领春木 Euptelea pleiosperma

领春木科 Eupteleaceae　领春木属 Euptelea

落叶灌木或小乔木；单叶，互生，卵形或近圆形，纸质；花两性，丛生；苞片椭圆形，早落；无花被，雄蕊6~14；心皮6~12，子房歪形；翅果棕色。花期4~5月，果期7~8月。

秦岭南北坡均有分布；生于海拔900~2000m的溪边杂木林中。

枝叶　花序　果实

052　川陕金莲花 Trollius buddae

毛茛科 Ranunculaceae　金莲花属 Trollius

草本；茎常在中部或中部以上分枝；基生叶1~3，3深裂，茎生叶3~4，无柄；聚伞花序具2~3朵花；萼片5，黄色；密叶5，狭线形，与雄蕊近等长或稍短；雄蕊多数螺旋状排列；心皮多数；蓇葖果。花期7月，果期8月。

分布于秦岭南坡；生于海拔1780~2400m山地草坡。

植株　花　果实

053 驴蹄草 Caltha palustris

毛茛科 Ranunculaceae　驴蹄草属 Caltha

多年生草本；单叶，基生或茎生，基生叶3～7，叶片圆形、圆肾形或心形；单歧聚伞花序，常具2朵花；萼片5，花瓣状，黄色，倒卵形或狭倒卵形；花瓣无；雄蕊多数；心皮5～12；蓇葖果。花果期5～9月。

秦岭南北坡均产，西段较为常见；生于海拔1200～2020m的山谷溪边或湿草甸。

054 华北耧斗菜 Aquilegia yabeana

毛茛科 Ranunculaceae　耧斗菜属 Aquilegia

草本，上部分枝；基生叶数个，有长柄，为一或二回三出复叶，茎中部叶有稍长柄，通常为二回三出复叶；花序有少数花，花下垂；萼片5，紫色；花瓣5，紫色向后延伸成先端略膨大并内弯呈钩状的距；雄蕊多数；心皮5；蓇葖果。花期5～6月，果期6～7月。

产于秦岭南北坡中段；生于海拔1000～2200m的山地草坡或林边。

055　无距耧斗菜 Aquilegia ecalcarata

毛茛科 Ranunculaceae　耧斗菜属 Aquilegia

多年生草本，上部常分枝；基生叶数枚，为二回三出复叶，茎生叶1~3；单歧或二歧聚伞花序，花2~6朵；萼片5，花瓣状，紫色；花瓣5，无距；雄蕊多数；心皮4~5；蓇葖果长线形。花期5~6月，果期6~8月。

产于秦岭中、西段；生于海拔1200~3000m山地林下或路旁。

基生叶　花正面观　花侧面观　成熟蓇葖果

056　长柄唐松草 Thalictrum przewalskii

毛茛科 Ranunculaceae　唐松草属 Thalictrum

草本；二至四回三出复叶；圆锥花序多分枝；萼片4，花瓣状，白色或稍带黄绿色；花瓣无；雄蕊多数；心皮4~9，有细长的柄；瘦果，绿色。花期6~8月，果期9月。

秦岭南北坡均产；生于海拔1500~3000m的山地灌丛边、林下或草坡上。

果实　叶

057 升麻 Cimicifuga foetida

毛茛科 Ranunculaceae　升麻属 Cimicifuga

多年生草本；根状茎粗壮；二至三回三出羽状复叶；圆锥花序；花两性；萼片5，花瓣状，白色或绿白色；雄蕊多数；心皮2~5，近无柄；蓇葖长圆形，顶端有短喙。花期7~9月，果期8~10月。

秦岭南北坡均产；生于海拔1200~3000m的山地林缘、林中或路旁草丛中。

花序　果实　叶

058 类叶升麻 Actaea asiatica

毛茛科 Ranunculaceae　类叶升麻属 Actaea

多年生草本；根状茎横走；三回三出羽状复叶，2~3枚，茎上部叶较小；总状花序；萼片3~5，白色；花瓣匙形，下部渐狭成爪；雄蕊多数；心皮1，与萼片近等长；浆果，成熟后紫黑色。花期5~6月，果期7~9月。

秦岭南北坡均产；生于海拔1430~3000m山地林下或河边湿草地。

果实　叶　花

059 松潘乌头 Aconitum sungpanense

毛茛科 Ranunculaceae　乌头属 Aconitum

多年生草本；茎缠绕；单叶，基生或茎生，3全裂，叶片草质，五角形；总状花序有花5~9；萼片5，花瓣状，淡蓝紫色，上萼片高盔形；花瓣距短小，向后弯曲；雄蕊多数；心皮5；蓇葖果具喙。花期8~9月，果期9~10月。

秦岭广布；生于海拔1200~2800m山地林中、林边或灌丛中。

060 花葶乌头 Aconitum scaposum

(葶乌头)

毛茛科 Ranunculaceae　乌头属 Aconitum

多年生草本；茎直立，单叶，基生叶3或4片，肾状五角形，茎生叶小，2~4片；总状花序长，有15~40花；萼片5，蓝紫色，上萼片圆筒形；花瓣的距疏被短毛或无毛；雄蕊多数无毛；心皮3；蓇葖果。花期8~9月，果期9~11月。

产于秦岭南坡东段及宁陕等地；生于海拔1200~1600m的山地谷中或林中阴湿处。

061 褐鞘毛茛 Ranunculus vaginatus

毛茛科 Ranunculaceae　毛茛属 Ranunculus

多年生草本；茎渐升或直立，伏生白短毛；3出复叶；花单生茎顶或与上部叶对生；萼片5，窄三角形；花瓣5~6，黄白色或下部暗褐色，椭圆形，有狭长爪；雄蕊多数；心皮多数，花托细短；聚合瘦果球形。花果期4~7月。

秦岭广布；生于海拔3000m左右的山坡草地和沟旁。

062 茴茴蒜 Ranunculus chinensis

毛茛科 Ranunculaceae　毛茛属 Ranunculus

多年生草本；三出复叶，基生叶和下部叶具长柄，叶片宽卵形；花序具疏花；萼片5，淡绿色；花瓣5，黄色，宽倒卵形；雄蕊和心皮均多数；聚合果近矩圆形，瘦果扁，无毛。花期4~6月，果期5~8月。

秦岭南北坡均产，较普遍；生于海拔400~1700m的平原、渠岸及宅旁湿地。

063 短柱侧金盏花 Adonis brevistyla
（狭瓣侧金盏花）

毛茛科 Ranunculaceae　侧金盏花属 Adonis

多年生草本，无毛；单叶，互生，羽状裂；花单生于枝顶；萼片5~7，椭圆形；花瓣7~10（~14），白色，有时带淡紫色；雄蕊多数；心皮多数，花柱极短，柱头球形；瘦果倒卵形。花期4~5月，果期5~8月。

秦岭仅见于南坡；生于海拔1900~2400m的山地草坡、沟边、林边或林中。

064 大火草 Anemone tomentosa

毛茛科 Ranunculaceae　银莲花属 Anemone

多年生草本；三出复叶，基生叶3~4片，叶背面密被白色厚绒毛；聚伞花序，二至三回分枝；萼片5，淡粉红色或白色，倒卵形、宽倒卵形或宽椭圆形；无花瓣，雄蕊多数；心皮极多数，子房密被绒毛；聚合瘦果球形。花期7~9月。

秦岭南北坡普遍分布；生于海拔400~3000m的山地草坡或路边阳处。

065 小花草玉梅 Anemone rivularis var. flore-minore

毛茛科 Ranunculaceae　银莲花属 Anemone

多年生草本；单叶，基生，3全裂；花单一，腋生；苞片3，边缘疏生细锯齿，先端急尖或渐尖；萼片5~6，花瓣状，狭椭圆形或倒卵状狭椭圆形；雄蕊多数，长为萼片的一半；心皮多数；聚合瘦果。花期5~8月。

秦岭南北坡均产；生于海拔1200~3100m的山地林边或草坡上。

066 绣球藤 Clematis montana

毛茛科 Ranunculaceae　铁线莲属 Clematis

木质藤本；三出复叶，数叶与花簇生或对生；花1~6朵与叶簇生；萼片4，白色或外面带淡红色，长圆状倒卵形至倒卵形；雄蕊多数，无毛；心皮多数；瘦果扁，卵形或卵圆形，具羽毛状黄褐色宿存花柱。花期4~6月，果期7~9月。

秦岭南北坡均产；生于海拔1000~1800m的山坡、山谷灌丛中、林边或沟旁。

067 假豪猪刺 Berberis soulieana

小檗科 Berberidaceae　小檗属 Berberis

常绿灌木；单叶，互生，叶革质；长圆形或长圆状椭圆形；花7~20朵簇生，黄色；萼片9，3轮；花瓣6，倒卵形，基部呈短爪，具2枚分离腺体；雄蕊6；心皮1，胚珠2~3；浆果倒卵状长圆形，熟时红色。花期3~4月，果期6~9月。

秦岭南北坡均产，南坡普遍；生于海拔600~1800m的山沟河边、灌丛中或林缘。

068 三枝九叶草 Epimedium sagittatum
（淫羊藿）

小檗科 Berberidaceae　淫羊藿属 Epimedium

多年生草本；一回三出复叶基生和茎生，小叶革质，卵形至卵状披针形；圆锥花序具多朵花，花较小，白色；萼片8，2轮；花瓣囊状，淡棕黄色；雄蕊4；雌蕊花柱长于子房；蒴果。花期4~5月，果期5~7月。

秦岭多见于南坡，北坡仅见于户县；生于海拔600~1750m的山坡草丛中、林下、灌丛中或岩边石缝中。

069 牛姆瓜 Holboellia grandiflora
（大花牛姆瓜）

木通科 Lardizabalaceae　八月瓜属 Holboellia

常绿木质大藤本；掌状复叶具长柄，有小叶3~7片；伞房花序，花淡绿白色或淡紫色，雌雄同株；雄花萼片6，花瓣状，白色，雄蕊6，离生；雌花心皮3，披针状柱形；浆果，长圆形。花期4~5月，果期7~9月。

秦岭南北坡均产；生于海拔1100~3000m的山地杂木林或沟边灌丛内。

枝叶　花　果实

070 猫儿屎 Decaisnea insignis
（猫屎瓜）

木通科 Lardizabalaceae　猫儿屎属 Decaisnea

直立灌木；羽状复叶，小叶对生，全缘；圆锥花序下垂，花单性，浅绿色；萼片6，2轮；雄花：雄蕊6，花丝合生呈细长管状；雌花：心皮3；肉质蓇葖果，圆柱形，蓝色。花期4~6月，果期7~8月。

秦岭南北坡均产；生于海拔900~2200m的山坡灌丛或沟谷杂木林下阴湿处。

花序　枝叶和果实　果实

071 银线草 Chloranthus japonicus

金粟兰科 Chloranthaceae　金粟兰属 Chloranthus

多年生草本；叶 4 片生于茎顶，宽椭圆形或倒卵形；穗状花序单一，顶生；花白色，两性，无花被；雄蕊 3，药隔基部连合延伸成线形；心皮 2，柱头 2～4；核果近球形或倒卵形。花期 4～5 月，果期 5～7 月。

秦岭南北坡均产；生于海拔 1300～2300m 的山坡或沟边草丛中。

072 异叶马兜铃 Aristolochia kaempferi f. heterophylla

马兜铃科 Aristolochiaceae　马兜铃属 Aristolochia

草质藤本；叶形各式；花单生于叶腋；花被管中部急遽弯曲，下部长圆柱形，檐部盘状，近圆形，边缘 3 浅裂，裂片平展，阔卵形，黄绿色，基部具紫色短线条，具网脉；花药长圆形；子房圆柱形，密被长绒毛，合蕊柱顶端 3 裂；蒴果长圆状或卵形。花期 2～5 月，果期 6～8 月。

产于秦岭中段南坡；生于海拔 1000～1800m 的疏林中或林缘山坡灌丛中。

073 美丽芍药* Paeonia mairei

芍药科 Paeoniaceae　芍药属 Paeonia

多年生草本；二回三出复叶，互生；花单生于茎顶；萼片5，宽卵形，绿色；花瓣7~9，红色，倒卵形；雄蕊多数，花盘浅杯状；心皮通常3~4，密生黄褐色短毛；聚合蓇葖果。花期4~5月，果期6~8月。

秦岭南北坡均产；生于海拔1500~2700m的山坡林缘阴湿处。

074 川赤芍 Paeonia veitchii

芍药科 Paeoniaceae　芍药属 Paeonia

多年生草本；二回三出复叶，互生；花2~4朵，生于茎顶端及叶腋，苞片2~3，披针形；萼片4，宽卵形；花瓣6~9，倒卵形，紫红色或粉红色；雄蕊多数，花盘肉质；心皮2~5；聚合蓇葖果。花期5~6月，果期7月。

秦岭南北坡均产；生于海拔2200~2900m的山坡林下草丛中及路旁。

被子植物 | 41

075 中华猕猴桃* Actinidia chinensis
（猕猴桃）

猕猴桃科 Actinidiaceae 猕猴桃属 Actinidia

　　落叶藤本；枝红褐色，髓白色至淡褐色，片层状；单叶，互生，背面被星状毛，叶缘具细锯齿；聚伞花序1～3花，花白色或淡黄色；萼片通常5；花瓣5，阔倒卵形，有短距；雄蕊极多；子房球形；浆果，密被黄褐色柔毛，近球形或圆柱形。花期6～7月，果期8～9月。
　　秦岭南北坡均产；生于海拔700～2200m的山坡、林缘或灌丛中。

枝叶　　果实　　花序

076 四萼猕猴桃* Actinidia tetramera
（四蕊猕猴桃）

猕猴桃科 Actinidiaceae 猕猴桃属 Actinidia

　　落叶木质藤本，髓褐色，片层状；叶薄纸质，长方卵形，两侧不对称，边缘有细锯齿；花白色，通常单生，极少为聚伞花序；萼片4，少数5，长方卵形；花瓣4，少数5，瓢状倒卵形；花丝丝状，花药黄色；子房球形，花柱细长；果熟时橘黄色，卵珠状。花期5～6月，果期9～10月。
　　秦岭广布；生于海拔1400～1950m的森林内。

枝叶和花　　花正面观　　花背面观

077 藤山柳 Clematoclethra lasioclada

猕猴桃科 Actinidiaceae　藤山柳属 Clematoclethra

攀援灌木，髓实心，淡褐色；单叶，互生，长圆形或椭圆形，缘具刺毛状细齿，背面脉腋有白色簇毛；聚伞花序有花2~7朵，花白色；萼片5，宿存，花瓣5，卵形；雄蕊10；心皮5，花柱合生；蒴果。花期7月，果期8~9月。

秦岭南北坡均产；生于海拔1350~2460m的山坡丛林中。

078 黄海棠 Hypericum ascyron

藤黄科 Guttiferae　金丝桃属 Hypericum

多年生草本；单叶，对生，无柄，叶片披针形；花数朵成顶生聚伞花序；萼片5，离生，卵形或披针形；花瓣5，金黄色，倒披针形；雄蕊极多数，5束，花丝、花药金黄色；子房宽卵珠形，花柱5，顶部分离；蒴果卵珠状三角形。花期7~8月，果期8~9月。

秦岭较为常见；生于海拔500~2500m的山坡林下或草丛中。

079 贯叶连翘 Hypericum perforatum

藤黄科 Guttiferae　金丝桃属 Hypericum

多年生草本；茎直立，多分枝；单叶，对生，无柄，彼此靠近密集，椭圆形至线形，散布腺点；花序为5~7花二歧状的聚伞花序；萼片5，长圆形；花瓣5，黄色，长圆形；雄蕊多数，3束；子房卵珠形，花柱3；蒴果长圆状卵珠形。花期7~8月，果期9~10月。

秦岭南坡分布普遍；生于海拔1000~2500m的山坡林下或草地。

080 荷青花 Hylomecon japonica

罂粟科 Papaveraceae　荷青花属 Hylomecon

多年生草本，具黄色液汁；基生叶少数，羽状全裂；茎生叶通常2，具短柄；花1~2朵排列成伞房状，顶生；萼片卵形，花期脱落；花瓣4，倒卵圆形，黄色；雄蕊黄色，花丝丝状，花药圆形；花柱极短，柱头2裂；蒴果2瓣裂。花期4~7月，果期5~8月。

秦岭广布，但不常见；生于海拔1400~1800m的山坡阴湿处。

081 川东紫堇 Corydalis acuminata
（尖瓣紫堇）

罂粟科 Papaveraceae　紫堇属 Corydalis

多年生草本；基生叶数枚，三回羽状分裂，茎生叶2~3，与基生叶相同；总状花序顶生和侧生，有8~12花；萼片2，鳞片状；花瓣4，紫色，上花瓣舟状卵形，距圆筒形；雄蕊6，合成2束；子房狭椭圆形；蒴果狭椭圆形。花果期4~8月。

产于秦岭中部；生于海拔1200~2300m的山坡草地或沟旁。

082 北岭黄堇 Corydalis fargesii
（倒卵果紫堇）

罂粟科 Papaveraceae　紫堇属 Corydalis

草本；茎生叶多数，三回三出全裂；总状花序有花10~15；萼片2，鳞片状，边缘具流苏；花瓣4，黄色，上花瓣距圆筒形，向上弧曲，下花瓣舟状长圆形；雄蕊6，合成2束；子房线状椭圆形；蒴果倒卵形。花果期7~9月。

秦岭南北坡均有；生于海拔1500~2500m的山坡林下或路旁。

083 蛇果黄堇 Corydalis ophiocarpa
（蛇果紫堇）

罂粟科 Papaveraceae　紫堇属 Corydalis

丛生草本；基生叶二回羽状全裂；茎生叶与基生叶同形；总状花序，多花；萼片2，小，鳞片状，早落；花瓣4，黄色，上花瓣距短囊状；雄蕊6，合生成2束，披针形；子房线形，稍长于花柱；蒴果线形，蛇形弯曲。花果期5～7月。

秦岭广布；多生于海拔600～1900m的低山路旁或岩石旁。

084 山萮菜 Eutrema yunnanense
（云南山萮菜）

十字花科 Cruciferae　山萮菜属 Eutrema

多年生草本；基生叶近圆形，基部深心形，边缘具波状齿；茎生叶长卵形或卵状三角形，基部浅心形，边缘有波状齿；总状花序密集，果期伸长；萼片卵形；花瓣白色，长圆形，有短爪；角果长圆筒状。花期3～4月，果期4～5月。

秦岭南北坡有分布；生于海拔1000～3500m的林下。

085　大叶碎米荠 Cardamine macrophylla

十字花科 Cruciferae　碎米芥属 Cardamine

多年生草本；茎较粗壮；茎生叶通常 4~5，奇数羽状复叶，小叶 4~5 对，椭圆形；总状花序多花；外轮萼片淡红色，长椭圆形，内轮萼片基部囊状；花瓣淡紫色，倒卵形；雄蕊 4+2，两轮，花丝扁平；子房柱状，花柱短；长角果扁平。花期 5~6 月，果期 7~8 月。

秦岭广布；生于海拔 1000~3000m 的沟谷下潮湿处。

086　大苞景天 Sedum amplibracteatum

景天科 Crassulaceae　景天属 Sedum

一年生草本；叶互生，上部为 3 叶轮生，叶菱状椭圆形，苞片圆形；聚伞花序常三歧分枝，每枝有 1~4 花；萼片 5，宽三角形；花瓣 5，黄色，长圆形；雄蕊 10 或 5，较花瓣稍短；鳞片 5；心皮 5，略叉开，基部合生；蓇葖果，纺锤形。花期 6~9 月，果期 8~11 月。

秦岭广布；生于海拔 1100~3000m 的阴湿处。

087 费菜 Sedum aizoon

景天科 Crassulaceae　景天属 Sedum

多年生草本；茎直立，不分枝；叶互生，狭披针形，边缘有不整齐的锯齿；聚伞花序有多花；萼片5，线形，肉质，不等长；花瓣5，黄色，长圆形；雄蕊10，较花瓣短；鳞片5，近正方形；心皮5，卵状长圆形，基部合生；蓇葖果星芒状排列。花期6~7月，果期8~9月。

秦岭极广布；生于海拔400~2600m山谷、山坡上。

088 火焰草 Sedum stellariifolium
（繁缕景天）

景天科 Crassulaceae　景天属 Sedum

一年生或二年生草本，全体被线状柔毛；叶互生，正三角形；总状聚伞花序，顶生；萼片5，披针形；花瓣5，黄色，披针状长圆形；雄蕊10，较花瓣短；鳞片5，宽匙形；心皮5，近直立，长圆形，花柱短；蓇葖果下部合生，上部略叉开。花期6~8月，果期8~9月。

秦岭广布；生于海拔400~1800m石隙中。

089 菱叶红景天 Rhodiola henryi
（白三七）

景天科 Crassulaceae　红景天属 Rhodiola

多年生草本；根状茎粗，花茎直立，不分枝；3叶轮生，卵状菱形，膜质；聚伞圆锥花序；雌雄异株；萼片4，花瓣4，黄绿色，雄花：雄蕊8，淡黄绿色；雌花：心皮4，黄绿色，长圆状披针形；蓇葖果上部叉开，呈星芒状。花期5月，果期6～7月。

秦岭广布；生于海拔1200～2800m的林下。

090 球茎虎耳草 Saxifraga sibirica
（楔基虎耳草）

虎耳草科 Saxifragaceae　虎耳草属 Saxifraga

多年生草本，具鳞茎；茎密被腺柔毛；基生叶具长柄，茎生叶肾形，两面和边缘均具腺毛；聚伞花序伞房状；花梗纤细，花辐射对称，萼片5，直立；花瓣5，白色，雄蕊10，花丝钻形；2心皮中下部合生。花果期5～11月。

秦岭广布；生于海拔1000～2900m的潮湿处。

091 鸡肫梅花草 Parnassia wightiana
（苍耳七）

虎耳草科 Saxifragaceae　梅花草属 Parnassia

多年生草本；基生叶具长柄，宽心形；茎中上部具单个茎生叶，与基生叶同形；花单生于茎顶；萼片基部有铁锈色附属物；花瓣5，离生，白色，长圆形，下半部具长流苏状毛；雄蕊5，花丝扁平，退化雄蕊5；子房先端3裂。花期7~8月，果期9月开始。

秦岭广布；生于海拔1000~2600m的路旁、林下。

花正面观　植株

092 柔毛金腰 Chrysosplenium pilosum var. valdepilosum

虎耳草科 Saxifragaceae　金腰属 Chrysosplenium

多年生草本，不育枝由花茎下部叶腋或基生叶腋生出，花茎直立；基生叶花期枯萎，茎生叶对生，两面有稀疏软毛；聚伞花序生于花茎分枝顶端；苞片边缘具明显钝齿，背面和边缘具褐色柔毛；花萼钟状，半合生，黄绿色；雄蕊8；子房下陷，有2直立叉开的柱头；蒴果成不等长2裂。花期4月，果期7月。

产于秦岭太白山、宁陕县、舟曲县等地；生于海拔1500~3500m的山坡林下。

花序　植株

093 黄水枝 Tiarella polyphylla

虎耳草科 Saxifragaceae　黄水枝属 Tiarella

多年生草本；根状茎横走；茎不分枝，密被腺毛；基生叶心形具长柄，茎生叶与基生叶同形，叶柄较短；总状花序；萼片在花期直立，管状，裂片5；无花瓣；雄蕊10，花丝钻形；心皮2，不等大，下部合生；子房近上位，花柱2；蒴果。花果期4~11月。

秦岭广布；多生于海拔1800~2600m的林下。

094 七叶鬼灯檠 Rodgersia aesculifolia
(索骨丹)

虎耳草科 Saxifragaceae　鬼灯檠属 Rodgersia

多年生大型草本；茎具棱；掌状复叶具长柄，基部扩大呈鞘状，具长柔毛，小叶片5~7，缘具重锯齿；多歧聚伞花序圆锥状；萼片5，开展，近三角形，花瓣缺；雄蕊10；子房上位，2或3室，花柱2；蒴果卵形，具喙。花果期5~10月。

秦岭广布；生于海拔1200~2600m的林下阴湿处。

095 落新妇 Astilbe chinensis
（红升麻）

虎耳草科 Saxifragaceae　落新妇属 Astilbe

多年生草本；茎无毛；基生叶为二至三回三出羽状复叶，小叶片边缘有重锯齿，茎生叶2~3，较小；圆锥花序，花序轴密被褐色长柔毛，花密集；萼片5，卵形；花瓣5，淡紫色至紫红色，线形；雄蕊10；心皮2，仅基部合生；蒴果。花果期6~9月。

秦岭广布；生于海拔1200~2800m的山谷湿润处。

096 山梅花 Philadelphus incanus
（白毛山梅花）

虎耳草科 Saxifragaceae　山梅花属 Philadelphus

灌木，表皮呈片状脱落；当年生小枝浅褐色，单叶，对生，卵形，边缘具疏锯齿；总状花序；花梗密被白色长柔毛；花萼外面密被糙伏毛；萼筒钟形，裂片卵形，4裂；花冠盘状，花瓣4，白色，卵形；雄蕊30~35；花柱无毛，柱头棒形；蒴果倒卵形。花期5~6月，果期7~8月。

秦岭广布；生于海拔1200~1750m的灌林内。

097 异色溲疏 Deutzia discolor

虎耳草科 Saxifragaceae　溲疏属 Deutzia

灌木；老枝褐色，表皮片状脱落；单叶，对生，纸质，椭圆状披针形，边缘具细锯齿；聚伞花序有花12~20朵；萼筒杯状，5裂；花瓣5，白色，椭圆形；雄蕊10，2轮；花柱3~4，与雄蕊等长或稍长；蒴果半球形。花期6~7月，果期8~10月。

秦岭广布；生于海拔1200~2000m的山谷灌丛中。

098 东陵绣球 Hydrangea bretschneideri
（东陵八仙花）

虎耳草科 Saxifragaceae　绣球属 Hydrangea

灌木，树皮呈薄片状剥落；单叶，对生，薄纸质，卵形；伞房状聚伞花序；不育花萼片4；可育花萼筒杯状，萼齿4~5，三角形；花瓣4~5，白色，卵状披针形；雄蕊10，不等长，花药近圆形；花柱3，柱头头状；蒴果卵球形。花期6~7月，果期9~10月。

秦岭广布；生于海拔1500~2000m的山谷林下。

被子植物 | 53

099 糖茶藨子 Ribes himalense

虎耳草科 Saxifragaceae　茶藨子属 Ribes

落叶灌木；茎皮条片状剥落；单叶，互生，卵圆形；总状花序排列较密集；花萼绿色，萼筒4~5裂，钟形；花瓣离生，4~5，近匙形，红色；雄蕊4~5，与花瓣等长；子房下位，1室，有2个侧膜胎座；浆果球形，熟后紫黑色。花期4~6月，果期7~8月。

秦岭广布；生于海拔1700~2900m的山坡或山谷。

枝条（具花序）　花序　果序

100 中华绣线梅 Neillia sinensis
（绣线梅）

蔷薇科 Rosaceae　绣线梅属 Neillia

落叶灌木；单叶，互生，边缘有重锯齿，常不规则分裂，托叶早落；顶生总状花序；萼筒筒状，裂片5，三角形；花瓣5，倒卵形，淡粉色；雄蕊10~15，着生于萼筒边缘，排成2轮；心皮1~2；蓇葖果长椭圆形，萼筒宿存，外被疏生长腺毛。花期5~6月，果期8~9月。

秦岭广布；生于海拔700~3000m的山坡、河岸灌丛中。

花序　果期植株

101 光叶粉花绣线菊 Spiraea japonica var. fortunei
（红花绣线菊）

蔷薇科 Rosaceae　绣线菊属 Spiraea

落叶灌木；单叶，互生，长圆披针形，边缘具尖锐重锯齿；复伞房花序生于当年枝顶，花朵密集；萼筒钟状，萼片5，三角形；花瓣5，卵形，粉红色；雄蕊25～30，长于花瓣；花盘不发达；心皮5，上位，分离；蓇葖果。花期6～7月，果期8～9月。

产于秦岭南坡；生于海拔1100～2300m的山谷路旁、林下。

花　　蓇葖果　　枝叶和花序

102 光叶高丛珍珠梅 Sorbaria arborea var. glabrata
（光叶珍珠梅）

蔷薇科 Rosaceae　珍珠梅属 Sorbaria

落叶灌木，高达6m；羽状复叶，互生，小叶片对生，披针形，边缘有重锯齿，无毛；顶生大型圆锥花序，无毛；萼筒浅钟状，萼齿5，反折；花瓣5，近圆形，白色；雄蕊20～30，生于花盘边缘，长于花瓣；心皮5，无毛；蓇葖果圆柱形，无毛。花期6～7月，果期9～10月。

秦岭广布；生于海拔1000～2800m山坡或山谷的杂木林内。

花序　　果序

被子植物 | 55

103 灰栒子 Cotoneaster acutifolius
（尖叶栒子）

蔷薇科 Rosaceae　栒子属 Cotoneaster

落叶灌木；单叶，互生，椭圆形或卵形，先端急尖，全缘；花2~5朵成聚伞花序；萼筒钟状，萼片5，三角形；花瓣5，直立，宽倒卵形，白色外带红晕；雄蕊10~15，比花瓣短；子房下位，2~5室，花柱离生，短于雄蕊；梨果椭圆形，黑色。花期5~6月，果期9~10月。

秦岭广布；生于海拔1000~2000m的山坡杂木林中。

104 湖北花楸 Sorbus hupehensis

蔷薇科 Rosaceae　花楸属 Sorbus

乔木；奇数羽状复叶，互生，小叶片4~8对，长圆披针形，边缘有尖锐锯齿，托叶膜质；复伞房花序；萼筒钟状，萼片5，三角形；花瓣5，卵形，白色；雄蕊20，长约为花瓣的1/3；心皮2~5，花柱4或5，稍短于雄蕊；梨果球形，白色。花期5~7月，果期8~9月。

秦岭广布；生于海拔1500~2200m的山坡杂木林中。

105 唐棣 Amelanchier sinica

蔷薇科 Rosaceae　唐棣属 Amelanchier

小乔木；单叶，互生，卵形，边缘中部以上有细锐锯齿；总状花序，多花；萼筒杯状，萼片5，披针形；花瓣5，细长，白色；雄蕊20，远比花瓣短；子房下位，花柱4~5，柱头头状，比雄蕊稍短；梨果近球形，蓝黑色，萼片宿存，反折。花期5月，果期9~10月。

秦岭广布；生于海拔1000~2000m的阔叶林内。

106 陇东海棠 Malus kansuensis
（甘肃海棠）

蔷薇科 Rosaceae　苹果属 Malus

小乔木；单叶，互生，卵形，边缘有细锐重锯齿，通常3浅裂；伞形总状花序，具花4~10朵；萼筒状，萼片5，三角卵形；花瓣5，宽倒卵形，基部有短爪，白色；雄蕊20，花丝长短不一；子房下位，花柱3；梨果椭圆形，黄红色。花期5~6月，果期7~8月。

产于秦岭西段及中段；生于海拔2000~3500m的山坡林下、林缘或灌丛中。

107 棣棠花 Kerria japonica

蔷薇科 Rosaceae　棣棠花属 Kerria

落叶灌木；小枝绿色；单叶，互生，三角状卵形，边缘有尖锐重锯齿；单花，着生于枝顶；萼片5，卵状椭圆形，果时宿存；花瓣5，黄色，宽椭圆形，顶端下凹；雄蕊多数；花盘环状；子房上位，心皮5~8；瘦果倒卵形，褐色。花期4~6月，果期6~8月。

秦岭广布；生于海拔400~2500m的灌丛中。

果实 ｜ 花枝

108 插田泡 Rubus coreanus
（覆盆子）

蔷薇科 Rosaceae　悬钩子属 Rubus

灌木；羽状复叶，互生，小叶5，卵形，边缘有粗锯齿；伞房花序生于侧枝顶端；花萼5裂，长卵形；花瓣5，倒卵形，淡红色；雄蕊多数；雌蕊多数，子房被稀疏短柔毛；聚合核果近球形，深红色至紫黑色。花期4~6月，果期6~8月。

秦岭广布；生于海拔750~1500m的山坡灌丛或山谷路旁。

叶和花序 ｜ 花序 ｜ 果实

109 弓茎悬钩子 Rubus flosculosus

蔷薇科 Rosaceae　悬钩子属 Rubus

灌木；枝拱曲；羽状复叶，互生，小叶 5~7 枚，卵形，边缘具粗重锯齿；圆锥花序顶生，侧生者为总状花序；花萼 5 裂，裂片卵形；花瓣 5，近圆形，粉红色；雄蕊多数，花药紫色；雌蕊多数，聚合核果小，球形，红色至红黑色。花期 6~7 月，果期 8~9 月。

产于秦岭南北坡部分地区；生于海拔 800~1300m 的山谷河道两旁或路旁。

果序

果期植株

110 山莓 Rubus corchorifolius
（悬钩子）

蔷薇科 Rosaceae　悬钩子属 Rubus

直立灌木；单叶，互生，卵形；花单生或少数生于短枝上；花萼外密被细毛，无刺；萼片 5，卵形；花瓣 5，长圆形，白色；雄蕊多数，花丝宽扁；雌蕊多数，子房有柔毛，聚合核果球形，红色，密被细柔毛。花期 2~3 月，果期 4~6 月。

产于秦岭南坡；生于海拔 550~1500m 的山坡灌丛中或林缘。

花

花枝

111 路边青 Geum aleppicum
（水杨梅）

蔷薇科 Rosaceae　路边青属 Geum

多年生草本；基生叶为大头羽状复叶，茎生叶羽状复叶，互生，托叶大，叶状；花序顶生；萼管钟状，裂片5，副萼片5；花瓣5，黄色，圆形；雄蕊多数；心皮多数，花柱顶生；聚合果倒卵球形，瘦果被长硬毛，花柱宿存，顶端有小钩。花果期7~10月。

秦岭广布；生于海拔700~3000m的路旁、林缘。

聚合果　花枝

112 东方草莓 Fragaria orientalis
（伞房草莓）

蔷薇科 Rosaceae　草莓属 Fragaria

多年生匍匐草本；三出复叶，互生，小叶倒卵形，边缘有缺刻；花序聚伞状；萼片5，卵状披针形，副萼5，线状披针形；花瓣5，白色，圆形；雄蕊18~22；雌蕊多数；聚合瘦果半圆形，成熟后紫红色。花期5~7月，果期7~9月。

秦岭南北坡均产；生于海拔1600~2500m的路旁、林下。

聚合果　植株

113 银露梅 Potentilla glabra
（华西银腊梅）

蔷薇科 Rosaceae　委陵菜属 Potentilla

灌木，树皮纵向剥落；叶为羽状复叶，互生，小叶 3~5，小叶片椭圆形；顶生单花或数朵；萼片 5，卵形，副萼片 5，披针形；花瓣 5，白色，倒卵形，顶端圆钝；雄蕊多数，心皮多数，花柱近基生，棒状；瘦果表面被毛。花果期 6~11 月。

产于秦岭中部高海拔地区；生于海拔 2300~3000m 的山梁灌丛或草甸。

114 绢毛匍匐委陵菜 Potentilla reptans var. sericophylla
（绢毛细蔓委陵菜）

蔷薇科 Rosaceae　委陵菜属 Potentilla

多年生匍匐草本，常具纺锤状块根；叶为三出掌状复叶，小叶被绢状柔毛；花单生于叶腋或与叶对生；萼片 5，卵状披针形，副萼片 5，长椭圆形；花瓣 5，黄色，宽倒卵形，顶端显著下凹；雄蕊多数；雌蕊多数，花柱近顶生，基部细，柱头扩大；瘦果黄褐色。花果期 4~9 月。

秦岭广布；生于海拔 400~2800m 的路边草地、河滩草地。

115 狼牙委陵菜 Potentilla cryptotaeniae
（狼牙）

蔷薇科 Rosaceae　委陵菜属 Potentilla

一年生或二年生草本；花茎直立；三出复叶，小叶片长圆形，被疏柔毛；伞房状聚伞花序多花，顶生；萼片5，长卵形，副萼片5，披针形；花瓣5，黄色，倒卵形，顶端圆钝或微凹；雄蕊多数，雌蕊多数，花柱近顶生，柱头稍微扩大；瘦果卵形，光滑。花果期7～9月。

秦岭南北坡均有分布；生于海拔1000～1800m的山坡草地、灌丛下。

116 龙芽草 Agrimonia pilosa

蔷薇科 Rosaceae　龙芽草属 Agrimonia

多年生草本；叶为间断奇数羽状复叶，通常有小叶3～4对，托叶镰形；花序穗状总状顶生；萼片5，三角卵形；花瓣5，黄色，长圆形；雄蕊5～15；花柱2，丝状，柱头头状；瘦果倒卵圆锥形，外面有10条肋，被疏柔毛，顶端有数层钩刺。花果期5～12月。

秦岭广布；生于海拔380～2500m的路旁、沟边。

117 峨眉蔷薇 Rosa omeiensis

蔷薇科 Rosaceae　蔷薇属 Rosa

直立灌木；茎无刺或有扁平皮刺；羽状复叶，互生，小叶9~13，小叶片长圆形，边缘有锐锯齿，托叶大部贴生于叶柄；花单生于叶腋；萼片4，披针形，全缘；花瓣4，白色，倒三角状卵形；雄蕊多数；花柱离生；蔷薇果倒卵球形或梨形，亮红色，成熟时果梗肥大。花期5~6月，果期7~9月。

产于秦岭中段；生于海拔1400~2800m的山坡杂木林内或灌丛中。

118 钝叶蔷薇 Rosa sertata

蔷薇科 Rosaceae　蔷薇属 Rosa

灌木，散生直立皮刺；羽状复叶，互生，小叶7~11，托叶大部贴生于叶柄；花单生或排成伞房状；花萼筒状，萼片5，卵状披针形；花瓣5，粉红色或玫瑰色，宽倒卵形，先端微凹；雄蕊多数；花柱离生，被柔毛；蔷薇果卵球形，顶端有短颈，深红色。花期6月，果期8~10月。

秦岭广布；生于海拔1200~2800m的灌丛、林下。

119 稠李 Padus racemosa

蔷薇科 Rosaceae　稠李属 Padus

落叶乔木；单叶，互生，椭圆形，边缘有不规则锐锯齿，叶柄顶端具2腺体；总状花序具有多花；萼筒钟状，萼片5，三角状卵形；花瓣5，白色，长圆形，先端波状；雄蕊多数，排成2轮；雌蕊1，心皮无毛，柱头盘状；核果卵球形，顶端有尖头，核有褶皱。花期4~5月，果期5~10月。

秦岭南北坡均有分布；生于海拔1300~2500m的山坡杂木林内。

120 多毛樱桃 Cerasus polytricha

蔷薇科 Rosaceae　樱属 Cerasus

乔木或灌木；单叶，互生，倒卵形，边有锯齿，齿端有腺体，叶柄顶端具1~3腺体；叶柄、花梗和萼筒外面均密被柔毛；花序伞形，有花2~4朵；萼筒钟状，萼片5，卵状三角形；花瓣5，白粉色，卵形；雄蕊20~30；雌蕊1，柱头头状；核果红色，卵球形。花期4~5月，果期6~7月。

产于秦岭中、西段；生于海拔1000~2300m的山坡或山沟林中。

121 四川樱桃 Cerasus szechuanica
（盘腺樱桃）

蔷薇科 Rosaceae　樱属 Cerasus

灌木或小乔木；单叶，互生，叶片卵形至倒卵形；花序近伞形总状，具花2~5朵；苞片叶状，近圆形或宽卵形，边缘有锯齿，齿端具盘状腺体；萼筒杯状，裂片三角形，花后反折；花瓣5，白色，圆形；雄蕊多数；花柱与雄蕊近等长；核果近球形。花期5月，果期7月。

秦岭南北坡均产；生于海拔1700~2300m的杂木林内。

122 天蓝苜蓿 Medicago lupulina

豆科 Leguminosae　苜蓿属 Medicago

多年生草本；茎平卧或上升；羽状三出复叶；托叶卵状披针形，小叶倒卵形，花序小，头状，具花10~20朵；萼钟形，密被毛，萼齿5，线状披针形；花冠黄色，旗瓣近圆形，顶端微凹，翼瓣和龙骨瓣近等长；雄蕊9+1二体；子房上位；荚果肾形，表面具脉纹。花期7~9月，果期8~10月。

秦岭南北坡均产；生于海拔400~1400m的山谷或山坡草地上。

123 白花草木犀 Melilotus albus

豆科 Leguminosae 草木犀属 Melilotus

一二年生草本；茎直立；羽状三出复叶，小叶长圆形，叶缘齿尖；总状花序，腋生，具多花，排列疏松；萼筒钟形，萼齿5，三角状披针形；花冠白色，旗瓣椭圆形，稍长于翼瓣，龙骨瓣与翼瓣等长或稍短；雄蕊9+1二体；子房上位，卵状披针形；荚果椭圆形，表面具网状脉纹。花期5~7月，果期7~9月。

秦岭广有逸生，耐干旱，我国各地广有栽培。

124 多花木蓝 Indigofera amblyantha

豆科 Leguminosae 木蓝属 Indigofera

直立灌木；茎密被丁字毛；羽状复叶，小叶3~4对，对生，卵状长圆形；总状花序腋生；花萼筒状，萼齿5；花冠淡红色，旗瓣倒阔卵形，较大，龙骨瓣较翼瓣短；雄蕊9+1二体；子房上位，线形，被毛；荚果棕褐色，线状圆柱形，被短丁字毛。花期5~7月，果期9~11月。

秦岭广布；生于海拔600~2000m的山坡灌丛、路边。

125 紫云英 Astragalus sinicus

豆科 Leguminosae　黄耆属 Astragalus

二年生匍匐草本；奇数羽状复叶，小叶 7~13，倒卵形；总状花序生 5~10 花，呈伞形；花萼钟状，萼齿 5，披针形；花冠紫红色，旗瓣倒卵形，翼瓣较旗瓣短，龙骨瓣与旗瓣近等长，瓣片半圆形；雄蕊 9+1 二体；子房上位，具短柄；荚果线状长圆形。花期 2~6 月，果期 3~7 月。

产于秦岭南坡；生于海拔 400~3000m 的山坡、路旁、林下。

126 圆锥山蚂蝗 Desmodium elegans
（总状花序山蚂蝗）

豆科 Leguminosae　山蚂蝗属 Desmodium

多分枝灌木；羽状三出复叶，小叶纸质，卵状椭圆形；顶生圆锥花序或腋生总状花序；花萼钟形，萼片 4 裂，三角形；花冠紫色，旗瓣宽椭圆形，翼瓣、龙骨瓣均具瓣柄；雄蕊 9+1 二体；子房上位，被贴伏短柔毛；荚果扁平，线形，有荚节 4~6。花果期 6~10 月。

秦岭南北坡广布；生于海拔 1600m 的山坡、路旁。

127 长柄山蚂蝗 Podocarpium podocarpum

（圆菱叶山蚂蝗）

豆科 Leguminosae　长柄山蚂蝗属 Podocarpium

直立草本；羽状三出复叶，小叶纸质，顶生小叶宽倒卵形，侧生小叶斜卵形；总状花序或圆锥花序，顶生或腋生；花萼钟形，裂片极短；花冠紫红色，旗瓣宽倒卵形，翼瓣窄椭圆形，龙骨瓣与翼瓣相似；雄蕊10，单体；子房具子房柄，荚果有荚节2。花果期8~9月。

秦岭广布；生于海拔600~1700m的山坡、林下。

128 美丽胡枝子 Lespedeza formosa

豆科 Leguminosae　胡枝子属 Lespedeza

直立灌木，奇数羽状复叶，小叶椭圆形；总状花序单一，腋生；花萼钟状，萼5裂，裂片长圆状披针形；花冠红紫色，旗瓣近圆形，翼瓣倒卵状长圆形，短于旗瓣和龙骨瓣；雄蕊9+1二体；子房上位；荚果倒卵形，表面具网纹。花期7~9月，果期9~10月。

秦岭广布；生于海拔1700m以下的灌丛或路旁。

129 杭子梢 Campylotropis macrocarpa

豆科 Leguminosae　杭子梢属 Campylotropis

灌木；羽状三出复叶，小叶椭圆形；总状花序腋生或顶生；每苞片内有1花；花萼钟形，萼裂片5，狭三角形；花冠紫红色，旗瓣椭圆形，翼瓣微短于旗瓣，龙骨瓣内弯；雄蕊9+1二体；子房上位，荚果长圆形，先端具短喙尖，具果颈。花果期6~10月。

秦岭广布；生于海拔2000m以下的路旁、沟岸灌丛中。

130 广布野豌豆 Vicia cracca
（草藤）

豆科 Leguminosae　野豌豆属 Vicia

多年生草本，茎攀援；偶数羽状复叶，叶轴顶端卷须有2~3分枝，小叶线形，5~12对，互生；总状花序，花多数；花萼钟状，萼齿5，近三角状；花冠紫色，旗瓣长圆形，翼瓣与旗瓣近等长，明显长于龙骨瓣；雄蕊9+1二体；子房上位，有柄；荚果长圆形。花果期5~9月。

秦岭广布；生于海拔400~1800m山谷、路旁。

131 两型豆 Amphicarpaea edgeworthii
(三籽两型豆)

豆科 Leguminosae　两型豆属 Amphicarpaea

一年生缠绕草本；羽状三出复叶，托叶小，顶生小叶菱状卵形，侧生小叶稍小，常偏斜；花二型，正常花为腋生总状花序，有花2~7；花萼管状，5裂，花冠淡紫色，各瓣近等长；雄蕊9+1二体，子房被毛；生于下部者为闭锁花，无花瓣；荚果二型。花果期8~11月。

秦岭广布；生于海拔500~2300m的草甸、灌丛和草丛中。

枝叶和花序　　荚果

132 葛 Pueraria lobata
(野葛)

豆科 Leguminosae　葛属 Pueraria

粗壮藤本，全体被黄色长硬毛；羽状三出复叶，小叶三裂，宽卵形；总状花序；花萼钟形，裂片披针形，花冠紫色，旗瓣倒卵形，翼瓣镰状，龙骨瓣镰状长圆形；9+1二体雄蕊仅上部离生，子房线形，被毛；荚果长椭圆形，被褐色长硬毛。花期9~10月，果期11~12月。

秦岭广布；生于海拔700~1500m温暖湿润的山坡、路旁。

植株　　花序　　荚果

133 鼠掌老鹳草 Geranium sibiricum

牻牛儿苗科 Geraniaceae　老鹳草属 Geranium

一年生或多年生草本；叶对生，掌状 5 深裂，裂片倒卵形；总花梗丝状，单生于叶腋，长于叶；萼片 5，卵状椭圆形；花瓣 5，倒卵形，淡紫色；雄蕊 10，花丝扩大成披针形；花柱不明显；蒴果被疏柔毛。花期 6~7 月，果期 8~9 月。

秦岭广布；生于海拔 600~2800m 的山坡或低山区，平原路旁常有分布。

134 湖北老鹳草 Geranium rosthornii

牻牛儿苗科 Geraniaceae　老鹳草属 Geranium

多年生草本；叶片五角状圆形，掌状 5 深裂近基部，裂片菱形；花序腋生和顶生，明显长于叶；萼片 5，卵形；花瓣 5，倒卵形，紫红色；雄蕊 10，稍长于萼片；雌蕊密被短柔毛，花柱深紫色；蒴果长约 2cm，被短柔毛。花期 6~7 月，果期 8~9 月。

产于秦岭东段及中段的陕西宁陕等地；生于海拔 1600~2100m 的沟谷林下。

135　湖北大戟 Euphorbia hylonoma

大戟科 Euphorbiaceae　大戟属 Euphorbia

多年生草本；茎直立；单叶，互生，叶倒披针形至倒狭卵形，有短柄，全缘；杯状聚伞花序顶生和腋生；苞叶2~3，菱形或三角状卵形；总苞4裂，腺体肾状长圆形；雄花10~12，每朵雄蕊1；雌花1，生于花中央，子房有短柄；蒴果扁圆形，具稀疏的疣状凸起。花期5~7月，果期7~9月。

秦岭南北坡均产；生于海拔800~2800m的山坡、林缘、灌丛。

136　苦树 Picrasma quassioides

苦木科 Simaroubaceae　苦树属 Picrasma

落叶乔木；冬芽裸露，棕红色；奇数羽状复叶，互生，小叶9~15，卵状披针形；花雌雄异株，腋生复聚伞花序；萼片5，小；花瓣5，卵形；雄蕊与萼片对生；雌花花盘4或5裂，心皮2~5，分离；核果熟后蓝绿色。花期4~5月，果期6~9月。

秦岭广布；生于海拔500~1500m的山坡灌丛和路旁。

137 马桑 *Coriaria nepalensis*

马桑科 Coriariaceae　马桑属 Coriaria

灌木，分枝水平开展；单叶，对生，纸质，椭圆形，基出3脉；花序生于二年生的枝条上，雄花序多花密集；萼片卵形，上部具流苏状细齿；花瓣极小，卵形，里面龙骨状；雄蕊10；雌花序被腺状微柔毛；心皮5，耳形，浆果状瘦果球形，紫黑色。花期3~4月，果期5~6月。

产于秦岭南北坡；生于海拔400~1300m的山坡灌丛及沟边。

138 漆 *Toxicodendron vernicifluum*

漆树科 Anacardiaceae　漆属 Toxicodendron

落叶乔木，树皮具乳液，含漆；奇数羽状复叶，互生，有小叶4~6对；大型圆锥花序，疏花；花萼5；花瓣5，长圆形；雄蕊5，花丝线形，在雌花中较短；子房球形，花柱3；果序下垂，核果肾形，外果皮黄色，中果皮蜡质，果核棕色，坚硬。花期5~6月，果期7~10月。

秦岭广布；生于海拔770~1640m的山坡杂木林内。

139 青麸杨 Rhus potaninii

漆树科 Anacardiaceae　盐肤木属 Rhus

落叶乔木；奇数羽状复叶，互生，有小叶3~5对，叶轴无翅，小叶卵状长圆形；大型圆锥花序；花萼5，裂片卵形；花瓣5，卵形，白色，边缘具细睫毛；雄蕊5，在雌花中较短；花盘厚，无毛；子房球形，密被白色绒毛；核果近球形，略压扁。花期5~6月，果期8~9月。

秦岭广布；生于海拔800~1840m的向阳山坡及灌丛中。

果枝

果序

叶上的虫瘿"五倍子"

140 金钱槭 Dipteronia sinensis

槭树科 Aceraceae　金钱槭属 Dipteronia

落叶小乔木；奇数羽状复叶，对生，小叶纸质，7~13枚，长圆卵形；顶生或腋生圆锥花序；花白色，杂性；萼片5；花瓣5，阔卵形，与萼片互生；雄蕊8，长于花瓣，在两性花中较短；子房扁形，2室，在雄花中则不发育；翅果圆形，翅膜质。花期4月，果期9月。

秦岭南北坡均产；生于海拔1100~2500m的山坡和山谷丛林中。

果序

植株

141 青榨槭 Acer davidii

槭树科 Aceraceae　槭属 Acer

落叶乔木，树皮纵裂成蛇皮状；单叶，纸质，先端锐尖；总状花序；萼片5，椭圆形；花瓣5，倒卵形；雄蕊8，在雄花中略长于花瓣，在两性花中不育；子房在雄花中不发育；翅果嫩时淡绿色，成熟后黄褐色，翅展开成钝角。花期4月，果期9月。

秦岭南北坡均产；生于海拔1000~2100m的山坡丛林中或路旁。

142 泡花树 Meliosma cuneifolia

清风藤科 Sabiaceae　泡花树属 Meliosma

落叶小乔木；单叶，纸质；圆锥花序顶生；萼片5，宽卵形；外面3片花瓣近圆形，内面2片花瓣2裂达中部，裂片狭卵形，锐尖；雄蕊5，外面3枚退化；子房2室，为花盘所围绕；核果扁球形。花期6~7月，果期9~11月。

秦岭广布；生于海拔1300~2500m的山坡或沟边灌丛中，喜湿润土壤。

143 陇南凤仙花 Impatiens potaninii

凤仙花科 Balsaminaceae　凤仙花属 Impatiens

一年生草本；单叶，互生，卵形；总花梗腋生，具花 2～3，花淡黄色；侧生萼片 2，近圆形；旗瓣圆形，翼瓣 2 裂，基部裂片倒卵状长圆形，上部裂片斧形，唇瓣漏斗状，基部延伸成内弯的长距；雄蕊 5；子房线形；蒴果狭线形。花期 8～10 月。

秦岭南北坡广布；生于海拔 1200～2300m 的山谷、林缘或水沟旁湿处。

144 阔苞凤仙花 Impatiens latebracteata

凤仙花科 Balsaminaceae　凤仙花属 Impatiens

一年生草本；叶互生，硬质，长圆形；总花梗短于叶，具花 2～5，花黄色；苞片卵圆形；侧生萼片 2，宽卵形；旗瓣圆形，具角，翼瓣无柄，基部裂片圆形，上部裂片斧形，顶端圆形，唇瓣漏斗状，口部近平；雄蕊 5；子房纺锤状；蒴果狭椭圆形。花期 8 月。

秦岭南北坡广布；生于海拔 1000～2200m 的山谷、林缘或水沟旁湿处。

145　粉背南蛇藤 Celastrus hypoleucus

卫矛科 Celastraceae　南蛇藤属 Celastrus

木质藤本；单叶，互生，椭圆形，叶背粉灰色；顶生聚伞圆锥花序；花萼5，近三角形；花瓣5，长方形；雄蕊5，在雌花中退化；子房椭圆状，2～4室，柱头扁平，3裂，雌蕊在雄花中退化；果序顶生，长而下垂，蒴果3裂，种子具红色假种皮。花期6～8月，果期10月。

秦岭南北坡均产；生于海拔900～1800m丛林中。

果期植株

花期植株

146　卫矛 Euonymus alatus

卫矛科 Celastraceae　卫矛属 Euonymus

灌木；茎具木栓翅；单叶，对生，卵状椭圆形；聚伞花序1～3花；花白绿色，4数；萼片半圆形；花瓣近圆形；雄蕊着生于花盘边缘处；子房上位；蒴果深裂，裂瓣椭圆状，1～4枚发育，假种皮橙红色。花期5～6月，果期7～10月。

秦岭广布；生于海拔1800m以下的山坡或山谷丛林中。

果枝

植株

147 角翅卫矛 Euonymus cornutus

卫矛科 Celastraceae　卫矛属 Euonymus

灌木；单叶，对生，厚纸质，披针形，边缘有细密浅锯齿；聚伞花序一次分枝，3花，花序梗细长，花紫红色，4～5数并存，萼片肾圆形；花瓣倒卵形；雄蕊着生花盘边缘，无花丝；子房无花柱；蒴果具4或5翅。花期5～9月，果期8～11月。

秦岭南北坡均产；生于海拔2000～2400m的山坡丛林中。

148 膀胱果 Staphylea holocarpa

省沽油科 Staphyleaceae　省沽油属 Staphylea

落叶小乔木；三出复叶，小叶近革质，长圆状披针形，边缘有硬细锯齿；伞房花序；花白色或粉红色，在叶后开放；萼片、花瓣及雄蕊通常等长；心皮2～3，下部通常合生；果为3裂、梨形膨大的蒴果。花期4～6月，果期8～10月。

产于秦岭南北坡；生于海拔800～1300m的山沟杂木林内。

149 勾儿茶 Berchemia sinica

鼠李科 Rhamnaceae　勾儿茶属 Berchemia

木质藤本；单叶，互生，卵状椭圆形；聚伞状圆锥花序；花黄绿色，5 数；萼筒半圆形；花瓣兜形，较萼片短，雄蕊与花瓣对生而与花萼互生；子房下部陷入花盘内，2 室，花柱柱头 2 深裂；果实为浆果，成熟时紫红色。花期 6～8 月，果期翌年 5～6 月。

秦岭广布；生于海拔 1300～2600m 的林下或路旁灌丛中。

150 葛藟葡萄 Vitis flexuosa
（葛藟）

葡萄科 Vitaceae　葡萄属 Vitis

木质藤本；卷须 2 叉分枝，与叶对生；叶卵形，边缘具锯齿；圆锥花序疏散，与叶对生；萼浅碟形；花瓣 5，呈帽状黏合脱落，雄蕊 5，在雌花败育；雌蕊 1，在雄花中退化，子房卵圆形，花柱短，柱头微扩大；果实球形。花期 3～5 月，果期 7～11 月。

产于秦岭南坡；生于海拔 600～1200m 的山坡灌丛或林缘。

151 少脉椴 Tilia paucicostata

椴树科 Tiliaceae　椴树属 Tilia

乔木；单叶，互生，薄革质，卵圆形，基部斜心形，边缘有细锯齿；聚伞花序，花序柄约一半与舌状的大苞片合生；萼片5，狭倒披针形；花瓣5，覆瓦状排列，基部常有1小鳞片；雄蕊多数；子房5室，花柱无毛；果实倒卵形。花期5~7月，果期8~10月。

秦岭南北坡均产；生于海拔1450~2400m的山坡丛林中。

大苞片和果实

果期植株

152 黄瑞香 Daphne giraldii

瑞香科 Thymelaeaceae　瑞香属 Daphne

落叶灌木；单叶，互生，常密生于小枝上部，倒披针形；花黄色，常3~8朵组成顶生的头状花序；花萼筒圆筒状，裂片4，卵状三角形，无毛；雄蕊8，排列为2轮，着生于萼筒中上部；子房椭圆形，柱头头状；果实卵形，成熟时红色。花期6月，果期7~8月。

秦岭南北坡均有分布；生于海拔600~2200m的灌丛中或山地。

果实

花期植株

153 牛奶子 Elaeagnus umbellata

胡颓子科 Elaeagnaceae　胡颓子属 Elaeagnus

落叶灌木；枝具长1～4cm的刺；单叶，互生，纸质，椭圆形，两面密被银白色鳞片；花黄白色，芳香，密被银白色鳞片，1～7花簇生于新枝基部；萼筒圆筒状漏斗形，裂片4，卵状三角形；雄蕊的花丝极短，柱头侧生；果实卵圆形，被银白色鳞片。花期4～5月，果期7～8月。

秦岭南北坡普遍分布；多生于海拔600～1200m干燥的山坡。

154 披针叶胡颓子 Elaeagnus lanceolata

胡颓子科 Elaeagnaceae　胡颓子属 Elaeagnus

常绿灌木；老枝上具粗短刺；叶革质，披针形，密被银白色鳞片；3～5花簇生于叶腋，花淡黄白色，下垂，密被银白色鳞片；萼筒圆筒形，裂片宽三角形；雄蕊的花丝极短，花柱直立；果实椭圆形，密被银白色鳞片，成熟时红黄色。花期8～10月，果期翌年4～5月。

秦岭南北坡均有分布；生于海拔500～2000m山坡沟旁。

155 白花堇菜 Viola patrinii

堇菜科 Violaceae　堇菜属 Viola

多年生草本；叶基生，叶片长圆形；花中等大，白色，带淡紫色脉纹，花梗细弱；萼片卵状披针形；上方花瓣倒卵形，侧方花瓣长圆状倒卵形，下方花瓣具短而粗的距，浅囊状；子房狭卵形；蒴果3瓣裂。花果期5~9月。

产于秦岭南北坡；生于海拔680~1500m的路旁、沟岸。

156 北京堇菜 Viola pekinensis

堇菜科 Violaceae　堇菜属 Viola

多年生草本；叶基生，莲座状，叶片圆形，叶柄细长；花淡紫色，花梗细弱；萼片披针形；花瓣宽倒卵形，下瓣具圆筒状距；子房无毛，花柱棍棒状，向上渐增粗，顶部平坦，两侧及后方具明显缘边；蒴果无毛，3瓣裂。花期4~5月，果期5~7月。

产于秦岭中段南北坡；生于海拔1250m左右的山坡林下。

157 双花堇菜 Viola biflora

堇菜科 Violaceae　堇菜属 Viola

多年生草本；地上茎较细弱，直立或斜升；基生叶2至数枚，叶片肾形，茎生叶具短柄，叶片较小，卵形；花黄色；萼片线状披针形；花瓣长圆状倒卵形，具紫色脉纹，距短筒状；子房无毛，花柱棍棒状；蒴果长圆状卵形。花果期5~9月。

产于秦岭的高山地带，分布不普遍；生于海拔2200~3000m的冷杉、落叶松林下。

花期植株　花正面观　花侧面观

158 中国旌节花 Stachyurus chinensis

旌节花科 Stachyuraceae　旌节花属 Stachyurus

落叶灌木；叶于花后发出，互生，纸质，卵形，边缘具锯齿；穗状花序腋生，先叶开放，花黄色；萼片4，黄绿色，卵形；花瓣4，卵形，顶端圆形；雄蕊8；子房瓶状，柱头头状，不裂；果实圆球形。花期3~4月，果期5~7月。

秦岭广布；生于海拔800~2000m的山坡、沟边、杂木林中。

花序　果期植株

159 中华秋海棠 Begonia grandis subsp. sinensis

秋海棠科 Begoniaceae　秋海棠属 Begonia

多年生草本；根状茎近球形；茎生叶互生，基部心形，偏斜；花粉红色，二歧聚伞状；雄花花被4，雄蕊多数；雌花花被3，子房长圆形，3室，中轴胎座，具不等翅3；蒴果下垂，呈窄三角形。花期7~8月，果期8~10月。

秦岭极广布；生于山谷、河岸和崖旁阴湿处。

花期植株　雄花　雌花

160 南赤瓟 Thladiantha nudiflora

葫芦科 Cucurbitaceae　赤瓟属 Thladiantha

草质藤本，全体密生硬毛；叶柄粗壮，叶片质稍硬，卵状心形；雌雄异株；雄花为总状花序，花萼筒部宽钟形，裂片卵状披针形；花冠黄色，裂片卵状长圆形；雄蕊5；雌花单生，花萼和花冠同雄花，子房狭长圆形；果实长圆形，红色。花期5~7月，果期6~8月。

秦岭南北坡均产；生于海拔800~1400m的山坡林下或草丛中。

果期植株　雄花序　雌花

161 毛脉柳兰 Epilobium angustifolium subsp. circumvagum

柳叶菜科 Onagraceae 柳叶菜属 Epilobium

多年生草本；叶螺旋状互生，披针形；顶生或腋生总状花序；花大，紫红色，两侧对称；萼筒延伸于子房之上，具4裂片；花瓣4，先端钝圆或微凹，雄蕊8，不等长，4枚较长；子房长棒状，4室；蒴果圆柱形，成熟时4瓣开裂。花期7~9月，果期9~10月。

产于秦岭南北坡；生于海拔1500m以上的高山草地。

162 光滑柳叶菜 Epilobium amurense subsp. cephalostigma

柳叶菜科 Onagraceae 柳叶菜属 Epilobium

多年生直立草本；茎常多分枝，无腺毛；叶对生，花序上的互生，长圆状披针形，无毛；花序直立，花较小；萼片披针状长圆形；花瓣白色、粉红色，倒卵形；子房无毛，花柱光滑，柱头近头状；蒴果4瓣裂。花期7~8月，果期8~10月。

秦岭广布；生于海拔1000~2000m的山沟、溪边湿处。

163 八角枫 Alangium chinense

八角枫科 Alangiaceae　八角枫属 Alangium

落叶灌木；单叶，互生，纸质，近圆形；聚伞花序腋生，有花 7~30；花萼筒状，顶端分裂为 5~8 枚齿状萼片；花瓣 6~8，线形，上部开花后反卷，初为白色，后变黄色；雄蕊和花瓣同数；子房 2 室，花柱无毛，柱头头状；核果卵圆形。花期 5~7 月，果期 7~11 月。

秦岭广布；生于海拔 500~1200m 的山坡灌丛中。

164 梾木 Swida macrophylla

山茱萸科 Cornaceae　梾木属 Swida

落叶乔木；叶对生，纸质，阔卵形，侧脉 5~8 对，弓形内弯；伞房状聚伞花序顶生，花白色；花萼裂片 4，宽三角形；花瓣 4；雄蕊 4，与花瓣等长，花盘垫状；花柱圆柱形，子房 2 室，下位；核果近于球形，成熟时黑色。花期 6~7 月，果期 8~9 月。

秦岭南北坡均产；生于海拔 700~2200m 的山坡阔叶林中或针阔叶混交林中。

165 灯台树 Bothrocaryum controversum

山茱萸科 Cornaceae　灯台树属 Bothrocaryum

落叶乔木；叶互生，纸质，阔卵形，侧脉6~7对，弓形内弯；伞房状聚伞花序顶生，花小，白色；花萼裂片4，三角形；花瓣4，长圆状披针形；雄蕊4，与花瓣互生；花柱圆柱形，子房2室，下位；核果球形，成熟时紫红色。花期5~6月，果期7~8月。

产于秦岭南北坡；生于海拔950~2500m 的常绿阔叶林或针阔叶混交林中。

166 四照花 Dendrobenthamia japonica var. chinensis

山茱萸科 Cornaceae　四照花属 Dendrobenthamia

落叶小乔木；单叶，对生，纸质，卵形，侧脉弧曲状；头状花序球形，总苞片4，花瓣状，花小，白色；花萼管状，上部4裂，内侧有一圈褐色短柔毛；花瓣4，黄色；花盘垫状；子房2室，下位；果序球形，成熟时红色。花期5~6月，果期8月。

秦岭南北坡均产，分布普遍；生于海拔950~2100m 的山坡或山沟丛林中。

167 青荚叶 Helwingia japonica

山茱萸科 Cornaceae　青荚叶属 Helwingia

落叶灌木；叶纸质，单叶，互生，卵形，边缘具细锯齿；花3~5数；雄花排列为伞形花序，常着生于叶上面中脉中上部，雄蕊3~5，生于花盘内侧；雌花1~3，着生于叶上面中脉的中上部；柱头3~5裂；核果，成熟后黑色。花期4~5月，果期8~9月。

秦岭南北坡均产，分布普遍；生于海拔1300~2500m的山沟或山坡丛林中。

168 蜀五加 Acanthopanax setchuenensis

五加科 Araliaceae　五加属 Acanthopanax

落叶灌木；掌状复叶，小叶3，革质，长圆状椭圆形；伞形花序顶生，或组成短圆锥状花序；花白色；萼边缘有5小齿；花瓣5，三角状卵形；雄蕊5；子房5室，花柱全部合生成柱状；果实球形，有5棱，黑色。花期5~8月，果期8~10月。

秦岭南北坡均产；多生于海拔1200~2000m的山谷、沟坡及林缘附近。

169 大叶三七 Panax pseudoginseng var. japonicus

五加科 Araliaceae　人参属 Panax

多年生草本；根状茎呈串珠状；掌状复叶，3~5 片轮生茎顶，小叶 5，椭圆形，缘具锯齿；伞形花序单生，花两性或杂性；花萼倒圆锥形；花瓣 5，淡黄绿色；雄蕊 5；子房 2~4 室，基部合生；核果浆果状。花期 7~8 月，果期 8~9 月。

产于秦岭南北坡；多生于森林下或灌丛草坡中。

花序和果序　茎叶　根状茎

170 常春藤 Hedera nepalensis var. sinensis

五加科 Araliaceae　常春藤属 Hedera

常绿攀援灌木，有气生根；单叶，革质；伞形花序单个顶生或组成圆锥花序，有花 5~40，花淡黄白色；萼密生棕色鳞片；花瓣 5；雄蕊 5；花盘隆起；子房 5 室，花柱合生成柱状；核果球形，红色或黄色。花期 9~11 月，果期翌年 3~5 月。

秦岭南北坡均产；多生于低山山坡，常攀援于林缘树木、林下路旁、岩石和房屋墙壁上。

花期植株　植株攀援其他树木　果

171 楤木 Aralia chinensis

五加科 Araliaceae　楤木属 Aralia

灌木或乔木，疏生针刺；二回或三回羽状复叶；伞形花序集成大圆锥花序；花白色，芳香；萼无毛，边缘有5个三角形小齿；花瓣5，卵状三角形；雄蕊5；子房5室，花柱5，离生或基部合生；核果球形，黑色。花期7～9月，果期9～12月。

产于秦岭南北坡；生于海拔700～1200m的森林、灌丛或林缘路边。

172 长序变豆菜 Sanicula elongata

伞形科 Umbelliferae　变豆菜属 Sanicula

多年生草本；基生叶近圆形，掌状3～5深裂；总苞片小，长卵形；伞形花序2～3；雄花3～5；萼齿狭卵形；花瓣白色，宽倒卵形；小伞形花序的中央有两性花1朵，无柄；花柱向外反曲；果实卵形，有鳞片状皮刺，反曲。花期5月，果期6～7月。

秦岭南北坡均产，较常见；生于海拔1300～2600m的山沟林下或山坡湿地。

173　紫花大叶柴胡 Bupleurum longiradiatum var. porphyranthum

伞形科 Umbelliferae　柴胡属 Bupleurum

多年生高大草本；叶质地较薄，基生叶鞘抱茎，茎中部叶心形抱茎；伞形花序，伞辐3～9；总苞1～5，披针形；小总苞片5～6；小伞形花序有花5～16，花深紫红色；花瓣顶端内折，2裂；双悬果长圆形，暗紫色。花期8～9月，果期9～10。

秦岭普遍分布；生于海拔1100～2400m的山谷路边草丛中或山坡疏林下。

174　小窃衣 Torilis japonica
（破子草）

伞形科 Umbelliferae　窃衣属 Torilis

一年或多年生草本；叶一至二回羽状分裂；复伞形花序顶生或腋生，总苞片3～6，线形；小伞形花序具花4～12朵；萼齿细小，三角形；花瓣白色，倒圆卵形；花柱基部平压状；双悬果圆卵形，有内弯或呈钩状的皮刺。花果期4～10月。

秦岭南北坡普遍分布；生于海拔400～2800m的杂木林下、林缘、路旁草丛。

175 菱叶茴芹 Pimpinella rhomboidea
（菱形茴芹）

伞形科 Umbelliferae　茴芹属 Pimpinella

草本；茎直立，有条纹；基生叶二回三出分裂，中间的裂片宽卵形；复伞形花序，无总苞片，伞辐10～25；花杂性，小伞形花序有花15～30；无萼齿；花瓣长圆形，白色；花柱基圆锥形；果实卵球形，果棱不明显。花果期5～9月。

秦岭南北坡均产；生于海拔1200～2400m的林下、沟边灌丛或草地上。

茎叶　花序 　果序

176 鹿蹄草 Pyrola calliantha
（美花鹿蹄草）

鹿蹄草科 Pyrolaceae　鹿蹄草属 Pyrola

多年生常绿草本；叶基生，革质，椭圆形；总状花序有花9～13，密生，花倾斜，稍下垂，白色；萼片舌形；花瓣倒卵状椭圆形；雄蕊10，花丝无毛；花柱伸出或稍伸出花冠，柱头5圆裂；蒴果扁球形。花期6～8月，果期8～9月。

秦岭南北坡均产，分布普遍；生于海拔1000～3700m的山坡林下。

植株　花正面观 　果实

177 秀雅杜鹃 Rhododendron concinnum

杜鹃花科 Ericaceae　杜鹃花属 Rhododendron

常绿灌木，全体被鳞片；叶互生，革质，长圆形；伞形花序顶生，着 2~5 花；花萼小，5 裂；花冠宽漏斗状，紫红色、淡紫或深紫色；雄蕊 10，不等长；子房 5 室；蒴果长圆形。花期 4~6 月，果期 9~10 月。

产于秦岭南坡；生于海拔 1500~3000m 山坡灌丛、冷杉林带的灌丛中。

花

枝叶和花序

178 齿萼报春 Primula odontocalyx

报春花科 Primulaceae　报春花属 Primula

多年生草本；叶基生，矩圆状；伞形花序；花萼钟状，5 裂，裂片先端具 2~3 锐齿；花冠蓝紫色；长花柱花的雄蕊近冠筒中部着生，花柱长达冠筒口；短花柱花的雄蕊着生于冠筒上部，花柱约与花萼等长；蒴果扁球形。花期 3~5 月，果期 6~7 月。

产于秦岭中、西段；生于海拔 900~2300m 的山坡草丛中和林下。

果实

花期植株

179 过路黄 Lysimachia christiniae

报春花科 Primulaceae 珍珠菜属 Lysimachia

多年生草本；茎匍匐；单叶，对生；花黄色，成对腋生；花萼5深裂，裂片线状披针形至线形，背面有黑色腺条；花冠长为花萼的2倍；雄蕊5，不等长，花丝基部合生成筒；子房1室；蒴果球形。花期5~7月，果期7~10月。

秦岭南北坡分布普遍；生于海拔600~2300m的山坡荒地、路旁或沟边。

180 腺药珍珠菜 Lysimachia stenosepala

报春花科 Primulaceae 珍珠菜属 Lysimachia

多年生草本，全体光滑无毛；叶对生，在茎上部常互生，叶片披针形；总状花序顶生；花萼5裂；花冠白色，钟状；雄蕊约与花冠等长，花药线形，药隔顶端有红色腺体，子房无毛，花柱细长；蒴果球形。花期5~6月，果期7~9月。

秦岭南北坡普遍产；生于海拔500~2500m山谷林缘、溪边和山坡草地湿润处。

181 白檀 Symplocos paniculata

山矾科 Symplocaceae　山矾属 Symplocos

落叶灌木或小乔木；单叶，互生，阔倒卵形、椭圆状倒卵形或卵形，叶背通常有柔毛；圆锥花序顶生或腋生，通常有柔毛；花萼筒褐色；花冠白色，5深裂；雄蕊40~60；花盘具5凸起的腺点；子房2室，核果，卵状球形。花期5月，果期7~8月。

秦岭南北坡均产，分布普遍；生于海拔900~2060m的山坡、路边、疏林或密林中。

枝叶和花序　果实　花正面观

182 宿柱梣 Fraxinus stylosa
（宿柱白蜡树）

木犀科 Oleaceae　梣属 Fraxinus

落叶小乔木；羽状复叶，小叶3~5，硬纸质，卵状披针形；圆锥花序顶生或腋生于当年生枝梢；萼齿4，狭三角形；花冠淡黄色，裂片线状披针形；雄花具雄蕊2，稍长于花冠裂片；翅果倒披针状，具小尖。花期5月，果期9月。

秦岭见于户县涝浴、宁陕县火地塘等地；生于海拔1500~3200m山坡杂木林中。

未成熟的幼果　枝叶

183 垂丝丁香 Syringa komarowii var. reflexa

木犀科 Oleaceae　丁香属 Syringa

灌木；单叶，对生，叶片卵状长圆形至长圆状披针形；圆锥花序由顶芽抽生；花萼被短柔毛或无毛；花冠外面呈淡红色或淡紫色，花冠管直径较细，花冠裂片常成直角开展；花药黄色；蒴果，长椭圆形。花期 5~6 月，果期 7~10 月。

秦岭见于中段南坡；生于海拔 1800~2900m 山坡灌丛、林缘或水沟边林下。

184 巧玲花 Syringa pubescens
（毛叶丁香）

木犀科 Oleaceae　丁香属 Syringa

灌木；单叶，对生，全缘，叶片卵形；圆锥花序直立，通常由侧芽抽生；花萼小，萼齿锐尖；花冠紫色、淡紫色，花冠管细弱；花药紫色，位于花冠管中部略上；子房 2 室；蒴果，长椭圆形。花期 5~6 月，果期 6~8 月。

秦岭南北坡均产；生于海拔 1500~2100m 的山坡灌丛或河边沟旁。

185　蜡子树 Ligustrum molliculum

木犀科 Oleaceae　女贞属 Ligustrum

落叶灌木；单叶，对生，叶片厚纸质，椭圆形；圆锥花序顶生；花萼钟状，4裂；花冠白色，冠筒比裂片长3倍；雄蕊2，花药与花冠裂片等长；核果球形至宽长圆形。花期6~7月，果期8~11月。

秦岭南北坡均产；生于海拔750~1850m的山坡林下、路边及溪沟边。

186　双蝴蝶 Tripterospermum chinense

龙胆科 Gentianaceae　双蝴蝶属 Tripterospermum

多年生缠绕草本；单叶，对生，基生叶通常2对，紧贴地面，密集呈双蝴蝶状；聚伞花序具花2~4，顶生或腋生；花萼钟形，裂片5；花冠蓝紫色，钟形；雄蕊着生于冠筒下部；子房长椭圆形，柱头线形，2裂；蒴果，花柱宿存。花果期6~12月。

秦岭见于中、西段；生于海拔1000~2500m山坡林下、林缘中。

187 椭圆叶花锚 Halenia elliptica

龙胆科 Gentianaceae 花锚属 Halenia

一年生草本；单叶，基生叶椭圆形，茎生叶卵形；聚伞花序腋生和顶生；花4数；花萼裂片椭圆形；花冠蓝色或紫色，花冠裂片椭圆形，先端具尖，基部有距；雄蕊内藏；子房卵形，柱头2裂；蒴果宽卵形。花果期7~9月。

秦岭南北坡均产，分布较普遍；生于海拔800~2500m的山林下及林缘、山坡草地。

188 苞叶龙胆 Gentiana incompta
（丛茎龙胆）

龙胆科 Gentianaceae 龙胆属 Gentiana

一年生草本；单叶，基生叶莲座状，茎生叶2~3对，匙形至椭圆形；花多数，单生于小枝顶端；花萼筒形，裂片5，三角形；花冠内面淡蓝色，外面黄绿色；雄蕊着生于冠筒中部；子房匙形，柱头2裂；蒴果，倒卵状匙形。花果期4~7月。

产于秦岭中、西段南坡；生于海拔750~2800m的山坡草地、林缘草地、林下。

189　卵叶扁蕾 Gentianopsis paludosa var. ovatodeltoidea

龙胆科 Gentianaceae　扁蕾属 Gentianopsis

一年生或二年生草本；茎上部有分枝；基生叶多对，茎生叶3~10对，卵状披针形或三角状披针形；花单生于生茎、枝顶端；花萼筒状，裂片2对；花冠筒状漏斗形，筒部黄白色，檐部蓝色或淡蓝色；花药黄色；子房具柄，蒴果。花果期7~9月。

秦岭广布；生于海拔1190~3000m的山坡草地、潮湿地、林下。

190　獐牙菜 Swertia bimaculata

龙胆科 Gentianaceae　獐牙菜属 Swertia

一年生草本；茎直立，分枝；单叶，对生，茎生叶无柄或具短柄，叶片椭圆形；大型圆锥状复聚伞花序疏松，多花；花5数；花萼绿色；花冠黄色，上部具多数紫色小斑点；子房无柄，披针形，柱头2裂；蒴果狭卵形。花果期6~11月。

秦岭南北坡均产；生于海拔1300~2000m的河滩、林下、灌丛中、沼泽地。

191 朱砂藤 Cynanchum officinale

萝藦科 Asclepiadaceae　鹅绒藤属 Cynanchum

藤状灌木；单叶，对生，卵形或卵状长圆形；聚伞花序腋生；花萼裂片5，内面基部具腺体5；花冠淡绿色或白色；副花冠肉质，深5裂；雄蕊5；雌蕊由2离生心皮组成；蓇葖果通常仅1枚发育。花期5~8月，果期7~10月。

秦岭见于南北坡中段；生于海拔1300~2800m的山坡、路边、水边或灌木丛中及疏林。

花序和花　枝叶和果实

192 竹灵消 Cynanchum inamoenum

萝藦科 Asclepiadaceae　鹅绒藤属 Cynanchum

直立草本；单叶，对生，卵形；聚伞花序，花黄色；花萼裂片5，披针形；花冠辐状，无毛，副花冠裂片三角形；子房上位，心皮2，离生，柱头扁平；蓇葖果双生。花期5~7月，果期7~10月。

秦岭南北坡均产；生于海拔1000~1600m的山地疏林、灌木丛中或山顶、山坡草地上。

花序和花　果枝　植株

193 茜草 Rubia cordifolia

茜草科 Rubiaceae　茜草属 Rubia

草质攀援藤本；茎方柱形，有4棱，棱上生倒生皮刺；单叶，4片轮生，披针形或长圆状披针形；聚伞花序腋生和顶生；花萼筒状；花冠淡黄色，花冠裂片5，近卵形；雄蕊5，花丝极短；子房2室，花柱2深裂；果球形。花期8~9月，果期10~11月。

秦岭广布；生于海拔570~1800m的疏林、林缘、灌丛或草地上。

194 六叶葎 Galium asperuloides subsp. hoffmeisteri

茜草科 Rubiaceae　拉拉藤属 Galium

一年生草本；茎常直立，通常具4棱，平滑；单叶，茎中部以上的常6片轮生，长圆状倒卵形；聚伞花序顶生和腋生；花萼筒与子房合生；花冠白色或黄绿色，裂片4，卵形；雄蕊4，伸出；花柱顶部2裂；果爿近球形。花期4~8月，果期5~9月。

秦岭中、西段南北坡均产；生于海拔1500~3250m的山坡林下及山沟阴湿处。

195 四叶葎 Galium bungei

茜草科 Rubiaceae　拉拉藤属 Galium

多年生丛生直立草本；茎4棱，不分枝或稍分枝；叶纸质，4片轮生，叶形变化较大；聚伞花序顶生和腋生，常3歧分枝，再形成圆锥状花序；花小，花冠黄绿色或白色，辐状；果爿近球状，常双生，有小疣点、小鳞片或短钩毛，稀无毛；果柄纤细，常比果长。花期4~9月，果期5月至翌年1月。

秦岭南北坡均产，分布较普遍；生于海拔650~2200m的山沟、路旁草地及阴湿处。

花序和花　枝叶

196 鸡矢藤 Paederia scandens

茜草科 Rubiaceae　鸡矢藤属 Paederia

缠绕藤本，揉后具臭气味；单叶，叶对生，卵形、卵状长圆形至披针形；圆锥花序式的聚伞花序腋生和顶生；花萼管陀螺形，裂片5；花冠浅紫色，管状，顶部5裂，雄蕊5，花丝长短不齐；子房2室；核果球形。花期5~7月，果期8~9月。

秦岭南北坡均产；生于海拔500~2000m的山坡、林中、林缘、沟谷边灌丛中或缠绕在灌木上。

花序和花　果序　枝叶和花序

197 旋花 Calystegia sepium
（篱打碗花）

旋花科 Convolvulaceae　打碗花属 Calystegia

多年生草本；茎缠绕；单叶，互生，叶形多变，三角状卵形，基部戟形或心形；花单生腋生；苞片宽卵形，包被花萼；萼片5，卵形；花冠白色或淡红色，漏斗状；雄蕊5，花丝基部扩大；子房2室，柱头2裂；蒴果卵形。花期5~7月，果期7~8月。

秦岭中普遍；生于海拔350~1500m的路旁、溪边草丛、农田边或山坡林缘。

花侧面观

花正面观

枝叶和果实

198 金灯藤 Cuscuta japonica

旋花科 Convolvulaceae　菟丝子属 Cuscuta

一年生寄生缠绕草本；茎黄色，常带紫红色瘤状斑点；无叶；穗状花序；花萼碗状，5裂几达基部，背面常有紫红色瘤状突起；花冠钟状，淡红色或绿白色，顶端5浅裂；雄蕊5；鳞片5，边缘流苏状；子房2室，柱头2裂；蒴果卵圆形。花期8月，果期9月。

秦岭中较普遍；寄生于海拔800~2000m的草本植物或灌木上。

花序

果序

寄生的枝条

199 钝萼附地菜 Trigonotis amblyosepala

紫草科 Boraginaceae　附地菜属 Trigonotis

一年生或二年生草本；茎被短伏毛；基生叶密集、铺散，叶片匙形，茎上部叶短而狭；花序生于茎、小枝顶端；花萼裂片5，倒卵状长圆形；花冠蓝色，筒部甚短，裂片宽倒卵形，先端钝，喉部附属物5，黄色；雄蕊5，内藏；子房4裂；小坚果4，四面体形。花期6月，果期6~7月。

秦岭南北坡普遍产；生于海拔460~1700m的丘陵草地、林缘及荒地。

花正面观

植株

200 海州常山 Clerodendrum trichotomum

马鞭草科 Verbenaceae　大青属 Clerodendrum

落叶灌木；老枝髓白色；单叶，对生，叶片纸质，卵形；伞房状聚伞花序顶生或腋生，苞片叶状，花萼紫红色，5深裂；花冠白色，顶端5裂；雄蕊4，花丝与花柱同伸出花冠外；花柱较雄蕊短，柱头2裂；核果近球形，蓝紫色，包藏于增大的宿萼内。花果期6~11月。

秦岭广布；生于海拔300~1500m的山坡灌丛中。

花侧面观

果实

枝叶和果序

201 莸 Caryopteris divaricata
（叉枝莸）

马鞭草科 Verbenaceae　莸属 Caryopteris

多年生草本；茎方形；单叶，对生，叶片卵圆形、卵状披针形至长圆形，边缘具粗齿；二歧聚伞花序腋生；花萼杯状，顶端5浅裂；花冠紫色或红色，顶端5裂，裂片全缘，下唇中裂片较大，雄蕊4，2强，与花柱均伸出花冠管外；柱头2裂，子房4室；蒴果黑棕色，4瓣裂。花期7～8月，果期8～9月。

秦岭仅见于南坡陕西的城固县、宁陕县和西段的文县；生于海拔600～1000m的山坡草地或疏林中。

花正面观　　果实　　花枝

202 活血丹 Glechoma longituba

唇形科 Labiatae　活血丹属 Glechoma

多年生草本；具匍匐茎，逐节生根，茎四棱形；单叶，对生，叶片心形，边缘具粗钝圆齿；轮伞花序腋生，每轮2～6花；花萼管状，萼齿5，上唇3齿，下唇2齿；花冠淡蓝至紫色，冠筒直立，冠檐二唇形，上唇直立，2裂；雄蕊4，2强，内藏；子房4裂；成熟小坚果长圆状卵形。花期4～5月，果期5～6月。

秦岭极广布；生于海拔500～2000m的林缘、疏林下、草地中、溪边等阴湿处。

枝叶和花序　　花正面观　　植株

203 夏枯草 Prunella vulgaris

唇形科 Labiatae　夏枯草属 Prunella

多年生草本；根状茎匍匐，茎自基部多分枝，钝四棱形；单叶，对生，卵状长圆形或卵圆形；轮伞花序密集组成顶生的穗状花序；花萼钟形，二唇形；花冠紫、蓝紫或红紫色，冠檐二唇形，上唇多少呈盔状，下唇中裂先端边缘具流苏状小裂片；雄蕊4，2强；花柱先端2裂；小坚果长圆状卵珠形。花期4~6月，果期7~10月。

秦岭各地均产；生于海拔400~2500m的荒坡、草地、溪边及路旁等湿润地上。

204 糙苏 Phlomis umbrosa

唇形科 Labiatae　糙苏属 Phlomis

多年生草本；茎多分枝，四棱形；叶近圆形、圆卵形至卵状长圆形；轮伞花序具花4~8，1~3轮生于主茎及分枝上；花萼管状，萼片先端具小刺尖；花冠粉红色，下唇色较深，常具红色斑点，冠檐二唇形，上唇盔状；雄蕊4，2强，内藏；柱头2裂，不相等；小坚果褐色，无毛。花期6~9月，果期9月。

秦岭广布；生于海拔1000~2600m的疏林下或草坡上。

205 鼬瓣花 Galeopsis bifida

唇形科 Labiatae　鼬瓣花属 Galeopsis

　　一年生草本，被具节长的刚毛及腺毛；叶片卵状披针形，对生；轮伞花序密集，多花；花萼筒状钟形，齿5，等长，三角形；花冠白色、黄色至粉红色，上唇顶端具不等的数齿，下唇3裂；雄蕊2强，药室2，二瓣横裂；小坚果倒卵状三棱形，有秕鳞。花期7~9月，果期8~10月。
　　产于秦岭西段及中段的宁陕县等地；生于海拔2500m以上的山坡草丛和沟边。

206 宝盖草 Lamium amplexicaule

唇形科 Labiatae　野芝麻属 Lamium

　　一年生或二年生草本；茎四棱形，常为紫色；单叶，对生，叶片圆形；轮伞花序6~10花，腋生；花萼管状钟形，萼齿5，披针状锥形；花冠紫红或粉红色，冠檐二唇形，上唇直伸，下唇稍长，3裂；雄蕊4，2强，花丝无毛；花柱丝状，先端不相等2浅裂；柱头2裂，不等，子房无毛；小坚果倒卵圆形。花期3~5月，果期7~8月。
　　秦岭各地均产；生于海拔1000~2000m的山坡或山谷草丛。

207 野芝麻 Lamium barbatum

唇形科 Labiatae　野芝麻属 Lamium

多年生草本；茎四棱形，中空；单叶，对生，叶卵圆形或心形；轮伞花序 4~14 花，生于茎上部叶腋；花萼钟形，萼齿披针状钻形；花冠白或浅黄色，长约 2cm，冠檐二唇形，上唇直立，下唇 3 裂；雄蕊 4，2 强，花丝扁平，被微柔毛；花柱丝状，先端近相等的 2 浅裂；小坚果倒卵圆形。花期 4~6 月，果期 7~8 月。

秦岭南北坡均产，生于海拔 800~2100m 的山坡林下及山谷沟岸草丛中。

208 益母草 Leonurus artemisia

唇形科 Labiatae　益母草属 Leonurus

一年生或二年生草本；茎直立，钝四棱形；单叶，对生，叶形变化大，茎中、上部叶多掌状 3 裂；轮伞花序腋生，具 8~15 花；花萼管状钟形，5 裂，2 唇形；花冠粉红至淡紫红色，冠檐二唇形，上唇直伸，下唇略短，3 裂；雄蕊 4，2 强；柱头 2 裂，子房褐色；小坚果长圆状三棱形。花期通常 6~9 月，果期 9~10 月。

秦岭各地均产；生于海拔 1000m 左右的山坡草地及多种生境。

209　斜萼草 Loxocalyx urticifolius

唇形科 Labiatae　斜萼草属 Loxocalyx

多年生草本；茎钝四棱形，多分枝；单叶，对生，叶宽卵圆形或心状卵圆形；轮伞花序腋生，具 2~12 花；花萼管状，萼齿 5，前 2 齿靠合，比后 3 齿长；花冠玫瑰红、紫或暗红色，冠檐二唇形；雄蕊 4，2 强，均延伸至上唇片之下；花柱细长，略伸出于上唇，顶端相等 2 浅裂；小坚果卵状三棱形。花期 7~8 月，果期 9 月。

产于秦岭中、西段；生于海拔 1200~2300m 的山坡林下、草丛及沟谷潮湿处。

210　甘露子 Stachys sieboldii

唇形科 Labiatae　水苏属 Stachys

多年生草本；具念珠状块茎，茎四棱形；单叶，对生，叶卵圆形；轮伞花序通常 6 花，多轮远离组成顶生假穗状花序；花萼狭钟形，萼齿 5；花冠粉红至紫红色，下唇有紫斑，冠檐二唇形；雄蕊 4，2 强，前对较长；花柱丝状，先端近相等 2 浅裂；小坚果卵珠形。花期 7~8 月，果期 9 月。

秦岭各地均产；生于海拔 1000~3200m 的山坡、山谷湿润地。

211 麻叶风轮菜 Clinopodium urticifolium
（风车草）

唇形科 Labiatae　风轮菜属 Clinopodium

多年生直立草本；茎钝四棱形；单叶，对生，叶卵圆形至卵状披针形；轮伞花序多花密集，半球形；花萼狭管状，上部紫红色，上唇3齿，下唇2齿；花冠紫红色，冠檐二唇形，上唇直伸，下唇3裂；雄蕊4，前对稍长，几不露出或微露出；花柱微露出，先端不相等2浅裂；小坚果倒卵形，褐色。花期6~8月，果期8~10月。

秦岭南北坡均产；生于海拔500~2800m的山坡、草地、路旁、林下。

212 鸡骨柴 Elsholtzia fruticosa

唇形科 Labiatae　香薷属 Elsholtzia

直立灌木；茎、枝钝四棱形；单叶，对生，叶披针形；轮伞花序聚成疏或密的圆柱状穗状花序；花萼钟形，萼齿5，近相等；花冠白色，冠檐二唇形，上唇直立，下唇开展，3裂；雄蕊4，前对较长，伸出；花柱伸出花冠，先端近相等，2深裂；小坚果长圆形，褐色。花期7~9月，果期10~11月。

产于秦岭中段南北坡及西段；生于海拔700~1800m的山坡路旁、灌丛或山谷岸旁。

213 青杞 Solanum septemlobum

茄科 Solanaceae　茄属 Solanum

直立草本或灌木状；茎具棱角；叶互生，卵形；二歧聚伞花序，顶生或腋外生；花萼杯状，5裂，萼齿三角形；花冠辐状，青紫色，花冠筒隐于萼内，5裂；雄蕊5；子房2室，卵形，柱头头状，绿色；浆果近球状，熟时红色。花期6~8月，果期7~9月。

产于秦岭中、西段；生于海拔1000~1800m的山坡路旁。

214 挂金灯 Physalis alkekengi var. franchetii

茄科 Solanaceae　酸浆属 Physalis

多年生草本；茎较粗壮，茎节膨大；单叶，互生，上部叶假对生，长卵形、宽卵形；花单生叶腋，花梗近无毛；花萼钟状，5裂；花冠辐状，5裂，白色；雄蕊5，着生于冠筒近基部，短于花冠；子房2室，浆果球形，熟后橙红色，包藏于膨大的宿萼内，果萼膨胀成灯笼状。花期5~7月，果期7~9月。

秦岭中较普遍；常生于海拔500~1500m的田野、沟边、山坡草地、林下或路旁水边。

215 大叶醉鱼草 Buddleja davidii

醉鱼草科 Buddlejaceae 醉鱼草属 Buddleja

灌木；单叶，对生，叶片狭卵形至卵状披针形；总状或圆锥状聚伞花序，顶生，花萼钟状，裂片4；花冠淡紫色，后变黄白色，花冠管细长；雄蕊4，着生于花冠管内壁中部；子房2室，无毛，柱头棍棒状；蒴果狭椭圆形或狭卵形，2瓣裂，基部有宿存花萼。花期5~10月，果期9~12月。

秦岭南北坡均产，分布普遍；生于海拔300~2100m的山坡、沟边灌木丛中。

枝叶和花序　花序和花正面观　果实

216 沟酸浆 Mimulus tenellus

玄参科 Scrophulariaceae 沟酸浆属 Mimulus

多年生草本；常铺散状，多分枝；茎四棱形；单叶，对生，叶卵形、卵状三角形至卵状矩圆形；花单生于叶腋；花萼圆筒形，果期肿胀成囊泡状，萼齿5，细小，刺状；花冠黄色，略2唇形；雄蕊4，2强，内藏；子房2室，花柱无毛；蒴果椭圆形。花果期6~9月。

秦岭南北坡均产，不多见；生于海拔570~1200m的水边、林下湿地。

植株　花侧面观　花正面观

217 通泉草 Mazus japonicus

玄参科 Scrophulariaceae　通泉草属 Mazus

一年生草本；茎自基部分枝，分枝多而披散；基生叶少到多数，茎生叶对生或互生，总状花序生于茎、枝顶端；花萼钟状，5中裂；花冠白色、紫色或蓝色，2唇形，上唇2裂，下唇3裂；雄蕊4，2强，着生于冠筒部；子房上位，柱头2裂；蒴果球形。花果期4～10月。

秦岭南北坡均产，分布普遍；生于海拔430～1850m的湿润草坡、沟边、路旁及林缘。

花正面观 　花侧面观 　植株

218 疏花婆婆纳 Veronica laxa

玄参科 Scrophulariaceae　婆婆纳属 Veronica

多年生草本，全体被白色柔毛；茎直立，不分枝；单叶，对生，叶片卵形或卵状三角形；总状花序单枝或成对，侧生于茎中上部叶腋；花萼4深裂；花冠辐状，紫色或蓝色，4深裂，裂片圆形至菱状卵形；雄蕊2，外露；子房2室；蒴果倒心形。花期5～6月，果期6～7月。

秦岭南北坡均产，分布普遍；生于海拔800～1800m的沟谷阴处或山坡林下。

枝叶 　花正面观 　果实

219 小婆婆纳 Veronica serpyllifolia

玄参科 Scrophulariaceae　婆婆纳属 Veronica

多年生草本；茎多枝丛生；单叶，对生，叶卵圆形至卵状矩圆形；总状花序顶生，疏花，细长；花萼4深裂；花冠蓝色、紫色或紫红色，辐状，檐部4裂；雄蕊2，稍外露；雌蕊1，花柱弯曲；蒴果肾形或肾状倒心形，先端凹。花期5~6月，果期6~7月。

秦岭南北坡均产，分布普遍；生于海拔1450~3000m的林缘草地。

220 短腺小米草 Euphrasia regelii

玄参科 Scrophulariaceae　小米草属 Euphrasia

一年生草本；单叶，对生，叶卵形；穗状花序稀疏；花萼筒状，先端4裂；花冠白色，稀淡紫色，2唇形，上唇直立，2裂，下唇开展，3裂；雄蕊4，2强；子房上位，2室，花柱细长，柱头头状；蒴果扁平。花期6~7月，果期8~9月。

秦岭南北坡均产；生于海拔1200~2500m的草坡及灌丛中。

221 山西马先蒿 Pedicularis shansiensis

玄参科 Scrophulariaceae　马先蒿属 Pedicularis

多年生草本；茎中空，不分枝；叶茎生，披针形，羽状深裂；总状花序，下部花疏远，上部紧密，苞片叶状，长度远超于花；花萼筒状，具5齿；花冠浅黄色，2唇形，上唇盔状，直立，下唇椭圆形，前端3裂；雄蕊4，2强；花柱细长，宿存；蒴果长圆状卵圆形。花期5~6月，果期8~9月。

秦岭南北坡均产，分布不普遍；生于海拔1160~2400m的草坡或灌丛中。

222 藓生马先蒿 Pedicularis muscicola

玄参科 Scrophulariaceae　马先蒿属 Pedicularis

多年生草本；茎丛生，叶互生，椭圆形至披针形，羽状全裂；花腋生；花萼圆筒形，前方不裂，齿5；花冠玫瑰色，盔在基部即扭折使其顶部向下，前方渐细为卷曲或S形的长喙，喙反向上方卷曲，下唇极大，长圆形；雄蕊4，2强，花丝均无毛；花柱稍稍伸出于喙端；蒴果偏卵形，为宿萼所包。花期5~7月，果期8月。

秦岭南北坡均产，分布普遍；生于海拔1050~3200m的杂木林、冷杉林的苔藓层中。

223 返顾马先蒿 Pedicularis resupinata

玄参科 Scrophulariaceae　马先蒿属 Pedicularis

多年生草本；叶互生或有时中、下部对生，卵形至长圆状披针形，缘有重锯齿；花单生于茎枝顶端的叶腋中；花萼筒状，仅2裂片；花冠淡紫红色，冠筒自基部起即向右扭旋，使下唇及盔部成为回顾之状，下唇稍长于盔；雄蕊4，2强，花丝前面1对有毛；柱头伸出于喙端；蒴果斜长圆状披针形。花期6~8月，果期7~9月。

秦岭南北坡均产，分布普遍；生长于海拔500~2000m的湿润草地及林缘。

224 珊瑚苣苔 Corallodiscus cordatulus

苦苣苔科 Gesneriaceae　珊瑚苣苔属 Corallodiscus

多年生草本，叶基生，莲座状；聚伞花序顶生，无苞片；花萼5裂；花冠钟状，紫色，2唇形，上唇2裂，下唇3裂，下唇内被密毛；能育雄蕊4，2强，着生于冠筒中部；雌蕊无毛，花盘红色；蒴果线形，2瓣裂。花期6月，果期7月。

秦岭广布；生于海拔600~1300m的山地阴处石崖上。

225 列当 Orobanche coerulescens

列当科 Orobanchaceae　列当属 Orobanche

二年生或多年生寄生草本；茎直立，不分枝；叶生于茎下部的较密集，上部的渐变稀疏，卵状披针形；花多数，排列成穗状花序；苞片与叶同形；花萼2深裂达近基部；花冠深蓝色，筒部在花丝着生处稍上方缢缩；雄蕊4；子房椭圆形；蒴果卵状长圆形。花期4~7月，果期7~9月。

秦岭广布；生于海拔1000m左右的沙丘及山坡草地，常寄生在蒿属植物的根上。

226 苦糖果 Lonicera fragrantissima subsp. standishii

忍冬科 Caprifoliaceae　忍冬属 Lonicera

落叶灌木；枝和叶柄有时具短糙毛；叶对生，厚纸质，卵形或卵状披针形，通常两面被刚伏毛及短腺毛；总花梗从当年枝基部苞腋中生出；相邻两花萼筒合生达中部以上，萼檐环状；花冠白色，唇形，基部具浅囊；浆果红色，椭圆形。花期1~4月，果期5~6月。

秦岭广布；生于海拔1000~2100m的山坡林下或灌木丛中。

227 盘叶忍冬 Lonicera tragophylla

忍冬科 Caprifoliaceae　忍冬属 Lonicera

落叶藤本；单叶，对生，纸质，矩圆形；花序下方 1～2 对叶连合成盘状；由 3 朵花组成的聚伞花序密集成头状花序生于小枝顶端；萼筒壶形，萼齿小；花冠黄色至橙黄色，唇形；雄蕊着生于唇瓣基部；花柱伸出，无毛；果实近圆形。花期 6～7 月，果熟期 9～10 月。

秦岭广布；生于海拔 500～1800m 的山坡灌丛或路旁。

228 桦叶荚蒾 Viburnum betulifolium

忍冬科 Caprifoliaceae　荚蒾属 Viburnum

落叶灌木；单叶，对生，厚纸质，宽卵形，脉腋集聚簇状毛；复伞形式聚伞花序顶生，萼筒有黄褐色腺点，萼齿小，宽卵状三角形；花冠白色，辐状，裂片圆卵形；雄蕊常高出花冠；柱头高出萼齿；果实红色，近圆形。花期 6～7 月，果熟期 9～10 月。

秦岭广布；生于海拔 900～2500m 的山坡灌丛中。

229 蓪梗花 Abelia engleriana
（短枝六道木）

忍冬科 Caprifoliaceae　六道木属 Abelia

落叶灌木，老枝树皮条裂脱落；单叶，对生，圆卵形；花生于侧生短枝顶端叶腋；萼筒细长，萼檐2裂，裂片椭圆形；花冠红色，稍呈二唇形，筒部具浅囊；雄蕊4，着生于花冠筒中部；花柱稍伸出花冠喉部；果实长圆柱形，冠以2枚宿存萼裂片。花期5~6月，果熟期8~9月。

秦岭南北坡均产；生于海拔800~1800m的山坡林下或灌木丛中。

230 莛子藨 Triosteum pinnatifidum
（羽裂叶莛子藨）

忍冬科 Caprifoliaceae　莛子藨属 Triosteum

多年生草本；叶对生，羽状深裂，散生刚毛，茎基部的初生叶有时不分裂；聚伞花序对生，萼筒被刚毛，萼裂片三角形；花冠黄绿色，狭钟状，一侧膨大成浅囊；雄蕊着生于花冠筒中部以下；柱头楔状头形；果实卵圆形，肉质，具3条槽。花期5~6月，果期8~9月。

秦岭广布；生于海拔1000~2500m的山坡林下或沟边阴处。

231 墓头回 Patrinia heterophylla
（异叶败酱）

败酱科 Valerianaceae　败酱属 Patrinia

多年生草本；基生叶丛生，茎生叶对生，羽状全裂；花黄色，顶生伞房状聚伞花序；萼齿5；花冠钟形，基部一侧具浅囊，裂片5，卵形；雄蕊4，2长2短；子房倒卵形，柱头盾状；瘦果长圆形，顶端平截。花期7~9月，果期8~10月。

秦岭南北坡均产；生于海拔1000~2500m的山坡草地、疏林下及路旁。

花序　果实　枝叶和花序

232 缬草 Valeriana officinalis

败酱科 Valerianaceae　缬草属 Valeriana

多年生高大草本；基出叶在花期凋萎，茎生叶卵形至宽卵形，羽状深裂；花序顶生，成伞房状三出聚伞圆锥花序；小苞片边缘有粗缘毛；花冠淡紫红色，裂片椭圆形，雌雄蕊约与花冠等长；瘦果长卵形，宿萼果期伸长外展成羽毛状。花期5~7月，果期6~10月。

秦岭南北坡均产；生于海拔500~2800m的山坡草地和疏林下。

植株　花序　羽毛状宿萼

233 日本续断 Dipsacus japonicus
（续断）

川续断科 Dipsacaceae　川续断属 Dipsacus

多年生草本；茎中空，棱上具钩刺；茎生叶对生，叶片椭圆状卵形，常为3~5裂；头状花序顶生，圆球形；花萼盘状，4裂；花冠管基部细管明显，4裂，裂片不相等；雄蕊4，着生在花冠管上；子房下位，包于囊状小总苞内；瘦果长圆楔形。花期8~9月，果期9~11月。

秦岭广布；生于海拔500~2000m的山坡草丛或路旁。

234 石沙参 Adenophora polyantha

桔梗科 Campanulaceae　沙参属 Adenophora

多年生草本；基生叶叶片心状肾形，茎生叶完全无柄，卵形至披针形；花序常不分枝而成假总状花序；花萼筒部倒圆锥状，裂片狭三角状披针形；花冠紫色或深蓝色，钟状，喉部常稍稍收缩，裂片短；蒴果卵状椭圆形。花期8~10月，果期9~11月。

秦岭广布；生于海拔1000~3000m的山坡草地或灌丛中。

235 丝裂沙参 Adenophora capillaris

桔梗科 Campanulaceae　沙参属 Adenophora

多年生草本；茎单生；茎生叶常为卵形；花序具长分枝，组成大而疏散的圆锥花序；花萼筒部球状，裂片毛发状；花冠细，近于筒状，白色、淡蓝色，裂片狭三角状；蒴果多为球状，极少为卵状。花期8～10月，果期9～11月。

秦岭广布；生于海拔1200～2600m的山坡草地或林缘。

236 紫斑风铃草 Campanula punctata

桔梗科 Campanulaceae　风铃草属 Campanula

多年生草本，全体被刚毛；基生叶具长柄，叶片心状卵形，茎生叶有带翅的长柄，三角状卵形；花顶生于主茎及分枝顶端，下垂；花萼裂片长三角形；花冠白色，带紫斑，筒状钟形，裂片有睫毛；蒴果半球状倒锥形。花期6～9月，果期8～10月。

秦岭广布；生于海拔1000～2800m的山坡丛林下或山沟、河边草地上。

237　川党参 Codonopsis tangshen

桔梗科 Campanulaceae　党参属 Codonopsis

多年生草本；茎缠绕；叶在主茎互生，在小枝上的近于对生，卵形；花单生于枝端，与叶柄互生或近于对生；花萼几乎全裂，裂片矩圆状披针形；花冠上位，钟状，淡黄绿色而内有紫斑，浅裂；蒴果下部近于球状，上部短圆锥状。花果期7~10月。

产于秦岭南坡；生于海拔1400~2300m的山地灌丛或疏林中。

花正面观

枝叶和花

果实

238　三脉紫菀 Aster ageratoides

（三褶脉紫菀）

菊科 Compositae　紫菀属 Aster

多年生草本；叶片宽卵圆形，叶纸质，上面被短糙毛；头状花序排列成伞房或圆锥伞房状；总苞倒锥状，3层，覆瓦状排列；舌状花约十余个，紫色，管状花黄色；冠毛浅红褐色或污白色；瘦果倒卵状长圆形。花果期7~12月。

秦岭南北坡均产；生于海拔2500m以下的山坡路旁、草地、林缘。

植株

头状花序成伞房状

头状花序

被子植物 | 123

239 一年蓬 Erigeron annuus

菊科 Compositae　飞蓬属 Erigeron

一二年生草本；茎粗壮；基部叶花期枯萎，茎生叶较小，长圆状披针形；头状花序数个或多数，排列成疏圆锥花序，总苞半球形，3层，草质；外围的雌花舌状，2层，白色，中央的两性花管状，黄色；瘦果披针形；雌花冠毛鳞片状，两性花的冠毛2层。花期6~9月。

秦岭广布；生于海拔400~2200m的山坡草地、旷野路旁。

头状花序成圆锥状

头状花序

植株

240 大花金挖耳 Carpesium macrocephalum

菊科 Compositae　天名精属 Carpesium

多年生草本；基部叶大，具长柄，具狭翅，叶片广卵形，中部叶椭圆形，半抱茎；头状花序单生于茎端及枝端，开花时下垂；苞叶多枚，总苞盘状；两性花筒状，向上稍宽，冠檐5齿裂，花药基部箭形，具撕裂状的长尾；雌花较短；瘦果长5~6mm。花期6~10月，果期9~11月。

秦岭南北坡均产；生于海拔2000m以下的山坡林缘、路旁草丛、灌丛中。

顶生头状花序

植株

241 黄腺香青 Anaphalis aureopunctata

菊科 Compositae　香青属 Anaphalis

多年生草本，全株被蛛丝状绵毛；莲座状叶宽匙状椭圆形，下部叶匙形，中部叶稍小，沿茎下延成宽或狭的翅，上部叶小，披针状线形；头状花序多数，密集成复伞房状；总苞钟状，总苞片约5层，花冠管状，冠毛较花冠稍长；瘦果。花期7~9月，果期9~10月。

秦岭南北坡均产；生于海拔700~2800m的林缘、林下、草地等处。

242 珠光香青 Anaphalis margaritacea

菊科 Compositae　香青属 Anaphalis

多年生草本，全株被灰白色绵毛；下部叶线形，上部叶渐小，有长尖头，稍革质；头状花序排列成复伞房状；总苞宽钟状或半球状，总苞片5~7层；花冠管状，冠毛较花冠稍长，在雌花细丝状，在雄花上部较粗厚，有细锯齿；瘦果长椭圆形。花果期8~11月。

秦岭南北坡均产；生于海拔700~2600m的山坡草地、山谷路旁、林下等地。

243 粗毛牛膝菊 Galinsoga quadriradiata

菊科 Compositae　牛膝菊属 Galinsoga

一年生草本；全株被稠密的长柔毛；茎纤细；叶对生，卵形，边缘具粗锯齿；头状花序半球形排成疏松的伞房花序；总苞半球形或宽钟状，总苞片1~2层；舌状花4~5，舌片白色，顶端3齿裂，管状花花冠黄色；瘦果三棱。花果期7~10月。

产于秦岭西段南坡及陕西宁陕县等地；生于海拔1300~1800m的山坡、山谷和路旁。

头状花序

植株

244 云南蓍 Achillea wilsoniana

菊科 Compositae　蓍属 Achillea

多年生草本；下部叶在花期凋落，中部叶矩圆形，二回羽状全裂；头状花序多数，集成复伞房花序；总苞宽钟形，总苞片3层，覆瓦状排列；边花舌片白色，顶端具3齿，管状花淡黄色或白色；瘦果矩圆状楔形，具翅。花果期7~9月。

秦岭南北坡均产；生于海拔1800~2300m的山坡草地及林缘。

二回羽状深裂叶

头状花序成复伞房状

枝叶和花序

245 甘菊 Dendranthema lavandulifolium

菊科 Compositae　菊属 Dendranthema

多年生草本；茎直立；基部和下部叶花期脱落，中部叶二回羽状分裂，最上部的叶或接花序下部的叶羽裂；头状花序排成疏松或稍紧密的复伞房花序；总苞碟形，总苞片约5层；舌状花黄色，舌片椭圆形；瘦果。花果期5~11月。

秦岭南北坡均产；生于海拔1300~2400m的山坡。

头状花序

枝叶和花序

246 毛裂蜂斗菜 Petasites tricholobus

菊科 Compositae　蜂斗菜属 Petasites

多年生草本，稍被白色茸毛；花茎于早春先叶轴出；茎部叶互生，苞片状，基部叶后出，大型，心形；头状花序多数，在茎端排列成总状或圆锥状聚伞花序；总苞片1~2层；花近雌雄异株；雌花细筒状，雄花或两性花高脚杯状；瘦果狭长圆形。花期3~4月，果期4~5月。

秦岭南北坡均产；生于海拔700~1200m的山沟、水边等湿润场所。

基生叶片

头状花序

植株

247 款冬 Tussilago farfara

菊科 Compositae　款冬属 Tussilago

多年生草本；花茎于早春先叶抽出，通常被白色蛛丝状绵毛；茎部叶互生，退化成苞片状，基生叶柄长，被白色绵毛，叶片大；头状花序异形，单生于茎端；总苞片1~2层，线形；舌状花多层，雌性，能育，筒状花两性，不育；瘦果狭长圆形，冠毛丰富，污白色。花期3~4月。

秦岭南北坡均产；生于海拔400~700m的山涧旁及山坡上。

头状花序

早春的花茎

成熟的果序

248 蹄叶橐吾 Ligularia fischeri
（肾叶橐吾）

菊科 Compositae　橐吾属 Ligularia

多年生草本；茎高大；丛生叶与茎下部叶具柄，基部鞘状，叶片肾形，边缘有整齐的锯齿，茎中上部叶具短柄，鞘膨大，叶片肾形；头状花序排成总状花序；苞片草质，卵形，总苞钟形，2层，长圆形；舌状花5，黄色，舌片长圆形，管状花多数；瘦果圆柱形。花果期7~10月。

秦岭南北坡均产；生于海拔1800~2000m的林下。

头状花序成总状

头状花序侧面观

枝叶和花序

249 华蟹甲 Sinacalia tangutica
（羽裂华蟹甲草）

菊科 Compositae　华蟹甲属 Sinacalia

多年生草本；茎粗壮，中空；叶具柄，下部茎叶花期脱落，中部叶片卵形，羽状深裂，上部茎生叶渐小，具短柄；头状花序小，排成宽塔状复圆锥状；总苞圆柱状，总苞片5，线状长圆形；舌状花2～3，黄色，管状花4，花冠黄色；瘦果圆柱形，冠毛白色。花期8～9月，果期10月。

秦岭南北坡均产；生于海拔800～3000m的山坡草地、疏林下、山谷沟旁。

头状花序成圆锥状

部分头状花序

枝叶和花序

250 蒲儿根 Sinosenecio oldhamianus

菊科 Compositae　蒲儿根属 Sinosenecio

多年生草本；茎单生，直立，基部叶在花期凋落；下部茎叶具柄，叶片卵圆形，边缘具锯齿，最上部叶卵形；头状花序排列成顶生复伞房状花序；总苞宽钟状，1层，长圆状披针形；舌状花13，舌片黄色，管状花多数，花冠黄色；瘦果倒卵状圆柱形。花果期5～7月。

秦岭南北坡均产；生于海拔500～2200m的山沟、路旁及疏林下。

头状花序成复伞房状

头状花序

植株

251 魁蓟 Cirsium leo

菊科 Compositae　蓟属 Cirsium

多年生草本；茎直立，单生；基部和下部茎叶长椭圆形，羽状深裂，向上的叶渐小，无柄或基部扩大半抱茎；头状花序在茎枝顶端排成伞房花序；总苞钟状，总苞片8层，边缘具针刺；小花紫色或红色，花冠5浅裂；瘦果灰黑色。花果期5～9月。

秦岭南北坡均产；生于海拔600～2100m的山坡草地及灌木丛中。

头状花序侧面观
成熟的果序
植株

252 福王草 Prenanthes tatarinowii
（盘果菊）

菊科 Compositae　福王草属 Prenanthes

多年生草本，具白色乳汁；茎直立，单生；中下部茎生叶心形，向上的茎生叶渐小，与中下部茎生叶同形；头状花序含5枚舌状小花，沿茎枝排成疏松的圆锥状花序；总苞狭圆柱状，总苞片3层；舌状小花紫色、粉红色；瘦果线形。花果期8～10月。

秦岭东端及南坡均产；生于海拔800～1500m的山谷、山坡林下及荒地上。

植株
头状花序

253　毛连菜 Picris hieracioides

菊科 Compositae　毛连菜属 Picris

二年生草本，植株被分叉的钩状硬毛；基生叶花期枯萎脱落，下部茎叶长椭圆形，中部和上部茎叶披针形，渐小，无柄，基部半抱茎；头状花序在茎枝顶端排成伞房花序；总苞圆柱状钟形，总苞片3层；舌状小花黄色；瘦果纺锤形。花果期6～9月。

秦岭广布；生于海拔400～2400m的山坡草地或路旁。

头状花序侧面观

成熟的果序

头状花序组成伞房状

254　托柄菝葜 Smilax discotis

百合科 Liliaceae　菝葜属 Smilax

灌木，多少攀援，疏生刺；叶纸质，近椭圆形，基部心形，有时有卷须，鞘与叶柄等长，呈贝壳状；伞形花序，常具几朵花；花绿黄色，花被6，2轮，雄花内轮花被比外轮的窄；雄蕊6；雌花比雄花略小，具3枚退化雄蕊；浆果熟时黑色，具粉霜。花期4～5月，果期10月。

产于秦岭南北坡各地；生于海拔300～2000m的山坡林下或林缘。

鞘状托叶和卷须

果期植株

伞形花序

255 粉条儿菜 Aletris spicata
（肺筋草）

百合科 Liliaceae　粉条儿菜属 Aletris

草本；叶簇生，纸质，细条形，有时下弯；花葶高于叶丛；总状花序疏生多花；花被下部接合成短管，钟形，裂片6，黄绿色，上端粉红色；雄蕊6，着生于花被裂片的基部；子房卵形；蒴果倒卵形，密生柔毛。花期4~5月，果期6~7月。

产于秦岭各地；生于低山坡、草地或灌丛边缘。

花正面观　　花序　　植株

256 萱草 Hemerocallis fulva

百合科 Liliaceae　萱草属 Hemerocallis

多年生草本，具肉质块根；叶基生，线形，背面中脉隆起；花茎高出于叶；花序半圆锥状，有时花极少数；花被漏斗状或钟形，下部结合，上部裂片6，通常反卷，黄色或橙黄色；雄蕊6，着生在花被管喉部；子房长圆形，上位；蒴果室背开裂。花果期为5~7月。

秦岭广布；生于山沟湿润处，现全国各地均有栽培。

花　　花蕾和幼果

257 黄花油点草 Tricyrtis maculata
（疏毛油点草）

百合科 Liliaceae　油点草属 Tricyrtis

　　多年生草本；茎直立；叶互生，长卵形，叶基部抱茎，最下部叶片具油点状斑纹；花两性，顶生或腋生，呈近伞房状；花被钟形，裂片6，2轮，黄绿色，内面有黑紫色斑点，外面基部呈囊状；雄蕊6，花药背着；子房3室，具3棱；花柱于中部3裂；蒴果长椭圆形，具3棱。花果期7～9月。

　　秦岭中分布极广；多生于林下或山坡草丛中。

258 玉竹 Polygonatum odoratum

百合科 Liliaceae　黄精属 Polygonatum

　　多年生草本；根状茎圆柱形，茎具7～12叶；叶互生，椭圆形至卵状矩圆形，全缘或具细锯齿；花1～2朵，生于叶腋；花被筒白色；雄蕊6，花丝贴生于花被筒中部；雌蕊花柱与雄蕊近于等长，花柱光滑，子房卵形；浆果球形，成熟时黑色。花期5～6月，果期8～9月。

　　秦岭南北坡常见；生于海拔800～2000m山坡灌丛中。

259 管花鹿药 Smilacina henryi
（少穗花）

百合科 Liliaceae　鹿药属 Smilacina

多年生草本；茎单生，具6～10枚互生叶，叶卵状长椭圆形，叶缘有粗毛；总状花序生于茎顶，有时基部具分枝而近于圆锥状；花淡黄色，花被结合成高脚碟状，具6裂片，甚短；雄蕊6，生于花被筒喉部，花丝极短；花柱稍长于子房，柱头3裂；浆果球形。花期5～7月，果期7～9月。

秦岭南北坡均产；生于海拔1600～2700m的林下阴湿处。

260 万寿竹 Disporum cantoniense
（山竹花）

百合科 Liliaceae　万寿竹属 Disporum

多年生草本；茎高达1m，上部有较多的叉状分枝；叶披针形至狭椭圆状披针形，具明显的弧形侧脉；伞形花序具花3～5朵，具总花梗，在茎上部与叶对生；花紫红色或白色，花被钟形，花被片倒披针形；雄蕊与花被片等长或略短；花柱与雄蕊等长；浆果肉质，黑色。花期5～6月，果期8～9月。

秦岭南北坡均产；生于海拔700～2500m林下或山坡灌丛湿润处。

261 七叶一枝花 *Paris polyphylla
（重楼）

百合科 Liliaceae　重楼属 Paris

多年生草本；根状茎横卧，茎直立，顶端具9~11片轮生叶；叶长圆形或倒披针形；花生于轮生叶中央，具长梗；外轮花被片4~6，卵状披针形，内轮花被片与外轮同数；雄蕊8~10，花药长于花丝，药隔不伸出花药；子房近球形，具角棱，花柱3~5；浆果状蒴果，绿带紫色。花期5~6月，果期8~9月。

秦岭南北坡均产，较常见；常生于疏林下阴湿酸性土壤上。

花侧面观

果期植株

花期植株

262 藜芦 Veratrum nigrum

百合科 Liliaceae　藜芦属 Veratrum

多年生草本，高可达1m；叶互生，全缘，具多数显著弧形脉，下部叶椭圆形，具抱茎的叶鞘，上部叶披针形；大型圆锥花序生于茎顶；花紫黑色，花被片6，长圆形；雄蕊6，着生在花被裂片基部；子房卵形，花柱3；蒴果椭圆形，顶端开裂。花期5~6月，果期8月。

秦岭南北坡均产；生于海拔1200~3300m的山坡林下或山顶草丛中。

花正面观

未成熟蒴果

植株

被子植物 | 135

263 大百合 Cardiocrinum giganteum
（云南大百合）

百合科 Liliaceae　大百合属 Cardiocrinum

多年生草本；鳞茎由少数分离的鳞片组成，茎高达 1.5m；叶卵圆形，基部心形，具长柄；总状花序生于茎顶，花梗近水平排列；花狭喇叭形，白色，里面具淡紫红色条纹；花被片条状倒披针形；雄蕊 6，长约为花被片的 1/2；子房圆柱形，柱头膨大；蒴果近球形。花期 6~7 月，果期 9~10 月。

秦岭南北坡分布普遍；生于海拔 1400~2300m 的山坡林下阴湿处腐殖土上。

花正面观 　未成熟果序 　植株

264 绿花百合* Lilium fargesii

百合科 Liliaceae　百合属 Lilium

多年生草本；鳞茎卵形，茎高 20~70cm；叶散生，条形，两面无毛；花单生或数朵排成总状花序；花下垂，绿白色，有稠密的紫褐色斑点；花被片披针形，反卷，花丝无毛，花药长矩圆形；子房圆柱形，柱头稍膨大，3 裂；蒴果矩圆形。花期 7~8 月，果期 9~10 月。

分布于秦岭太白山、凤县、宁陕县等地；生于海拔 2000~2400m 的山坡林下或山顶灌丛中。

花正面观 　花序 　植株

265　川百合 Lilium davidii

百合科 Liliaceae　百合属 Lilium

多年生草本；鳞茎扁球形或宽卵形，茎高 50~100cm；叶多数，散生，条形，边缘反卷；花单生或 2~8 朵排成总状花序；花下垂，橙黄色，基部有紫黑色斑点，内轮花被片比外轮花被片稍宽；花丝无毛；子房圆柱形，花柱长为子房的 2 倍以上；蒴果长矩圆形。花期 7~8 月，果期 9 月。

秦岭南坡宁陕县、佛坪县一带较常见；生于海拔 1200~2000m 的山坡及河岸岩隙中。

266　卵叶韭 Allium ovalifolium

百合科 Liliaceae　葱属 Allium

多年生草本；鳞茎近圆柱状，外被棕色纤维状残存叶鞘；叶常 2，靠近或近对生状，披针状矩圆形至卵状矩圆形，基部圆形至浅心形，叶柄明显；花葶圆柱形，伞形花序球状；花白色，稀淡红色；内轮花被片披针状长圆形，外轮的较宽而短；雄蕊长于花被片；子房具 3 圆棱；蒴果。花果期 7~9 月。

秦岭产于眉县太白山、宁陕县等地；生于海拔 1400~2000m 的山谷林下腐殖土上。

267 穿龙薯蓣 *Dioscorea nipponica

薯蓣科 Dioscoreaceae　薯蓣属 Dioscorea

草质藤本；根状茎横生，圆柱形，多分枝，茎缠绕，长达5m；单叶互生，广卵形或卵状三角形，具3~5个浅裂片或近全缘，基部心形；雄花序穗状，生于叶腋，单生或基部有短分枝；雄花具花被6，雄蕊6；雌花序单生于叶腋，下垂；蒴果宽卵形至长圆形，具3翅。花期7~8月，果期9月。

秦岭南北坡低山地区广布；生于山坡灌丛中。

花序　　开裂的蒴果　　叶和花序

268 鸭跖草 Commelina communis

鸭跖草科 Commelinaceae　鸭跖草属 Commelina

一年生草本；茎匍匐生根，多分枝；叶披针形至卵状披针形；总苞片佛焰苞状，聚伞花序；萼片3，卵形，膜质；花瓣3，蓝色，位于3枚可育雄蕊一侧的1枚花瓣较小，卵形，位于3枚不育雄蕊一侧的2枚花瓣较大，近圆形；雌蕊1；蒴果椭圆形。花期7~9月，果期9~10月。

秦岭南北坡常见；常生长在山沟林缘阴暗湿润处。

苞片和花侧面观　　花正面观　　叶和花序

269 竹叶子 Streptolirion volubile

鸭跖草科 Commelinaceae　竹叶子属 Streptolirion

多年生缠绕草本；茎节处常生根；叶互生，圆形至心形，基部深心形；蝎尾状聚伞花序有花1至数朵，集成圆锥状，圆锥花序下面的总苞片叶状；萼片长圆形；花瓣淡紫色而后变白色，线形，略比萼长；花丝具黄色柔毛；蒴果顶端有芒状突尖。花期7~8月，果期9~10月。

秦岭南北坡普遍分布；生于山沟河畔、农田旁湿润砂质土上。

270 早熟禾 Poa annua

禾本科 Gramineae　早熟禾属 Poa

一年生或冬性禾草；秆直立或倾斜，叶鞘稍压扁，中部以下闭合；叶片扁平或对折；圆锥花序宽卵形；分枝1~3，着生于各节；小穗卵形，含小花3~5，绿色；颖质薄，第一颖披针形；外稃卵圆形；内稃与外稃近等长；花药黄色；颖果纺锤形。花期4~5月，果期6~7月。

秦岭南北坡普遍分布；生于山坡草地、路旁或阴湿处。

271 一把伞南星 Arisaema erubescens
（天南星）　　　　　　　　　　　　　　　　　　天南星科 Araceae　天南星属 Arisaema

多年生草本；块茎扁球形；叶通常1，具长柄，叶片放射状分裂，裂片11～21，披针形至椭圆形，全缘；花序柄直立，短于叶；佛焰苞绿色，管部圆筒形，先端延伸成细丝状；肉穗花序单性；花序先端不育部分为附属器，棒状；果序柄常下弯，浆果红色。花期5～7月，果9月成熟。

秦岭南北坡均有分布；常生于海拔1000m左右的山坡林缘及阴湿山沟中。

肉穗花序　未成熟果穗　植株

272 香附子 Cyperus rotundus
（莎草）　　　　　　　　　　　　　　　　　　莎草科 Cyperaceae　莎草属 Cyperus

匍匐根状茎长，块茎椭圆形，秆锐三棱形，基部块茎状；叶短于秆；鞘棕色，常裂成纤维状，苞片叶状，常长于花序；长侧枝聚伞花序简单或复出；穗状花序小穗线形；鳞片中间绿色，两侧红棕色；雄蕊3，花药暗红色，柱头3，伸出鳞片外；小坚果长圆状倒卵形或三棱形。花果期5～11月。

秦岭普遍分布；生于海拔300～1000m川地及山谷的河床沙地、路旁等场所。

花序　小穗　植株

273 宽叶薹草 Carex siderosticta
（崖棕）

莎草科 Cyperaceae 薹草属 Carex

根状茎长，营养茎和花茎有间距；花茎近基部的叶鞘无叶片，淡棕褐色，营养茎的叶长圆状披针形；花茎苞鞘上部膨大似佛焰苞状；小穗雄雌顺序；雄花鳞片披针状长圆形；雌花鳞片椭圆状长圆形，果囊倒卵形或椭圆形，三棱；小坚果紧包于果囊中，椭圆形，三棱。花果期4～5月。

秦岭各地较常见；生于海拔1400～1600m山坡的锐齿栎林下，常构成小片林下草本层。

274 毛杓兰* Cypripedium franchetii

兰科 Orchidaceae 杓兰属 Cypripedium

植株具粗壮、较短的根状茎，茎直立，密被长柔毛，基部具数枚鞘，鞘上方有3～5枚叶；叶片椭圆形，边缘具细缘毛，花序顶生，具1花，花序柄密被长柔毛；苞片叶状；花淡紫红色至粉红色，有深色脉纹；中萼片卵形；合萼片椭圆状披针形，先端2浅裂；花瓣披针形；唇瓣深囊状。花期5～7月。

秦岭南北坡广布；生于海拔1500～2800m的林下或山坡草地上。

275 广布红门兰* Orchis chusua
（库莎红门兰）

兰科 Orchidaceae　红门兰属 Orchis

植株具圆形块茎，肉质，茎直立，圆柱状，基部具 1~3 枚筒状鞘，鞘上多具 2~3 枚叶；叶片长圆状披针形，基部抱茎成鞘；花序具花多数，多偏向一侧；花紫红色或粉红色；中萼片长圆形；侧萼片向后反折；花瓣直立，卵形；唇瓣向前伸展，3 裂，距圆筒状；蒴果直立，椭圆形。花期 6~8 月。

秦岭中段南北坡有分布，生长在海拔 2200~3200m 的高山草丛中。

花序　花正面观　植株

276 凹舌兰* Coeloglossum viride

兰科 Orchidaceae　凹舌兰属 Coeloglossum

植株具肉质块茎，茎直立；叶片狭倒卵状长圆形，直立伸展，基部抱茎成鞘；总状花序具多数花；花黄绿色；中萼片直立，凹陷呈舟状；侧萼片偏斜；花瓣直立，线状披针形，与中萼片靠合呈兜状；唇瓣下垂，肉质，基部具囊状距；蒴果直立，椭圆形。花期 6~8 月，果期 9~10 月。

秦岭各地广布；生于海拔 1300~2800m 的林缘或林下湿地。

花序　花正面观　植株

277 尖唇鸟巢兰 *Neottia acuminata*

兰科 Orchidaceae 鸟巢兰属 Neottia

茎直立，无毛，中部以下具3～5枚鞘，鞘膜质，抱茎，无绿叶；总状花序顶生，通常具20余朵花，花序轴无毛；花苞片长圆状卵形；花小，黄褐色，常3～4朵聚生而呈轮生状；中萼片狭披针形，先端长渐尖；花瓣狭披针形；唇瓣较萼片短，较狭，披针形；蒴果椭圆形。花果期6～8月。

秦岭见于太白山、宁陕县平河梁等地；生于海拔2400～3200m的针叶林下或针阔混交林下。

花序　　鸟巢状的根　　植株

278 火烧兰 *Epipactis helleborine*
（小花火烧兰）

兰科 Orchidaceae 火烧兰属 Epipactis

地生草本；根状茎粗短，茎上部被短柔毛，下部无毛；叶互生，叶片卵圆形至椭圆状披针形，向上叶逐渐变窄；总状花序具花数十朵；花苞片叶状；花绿色或淡紫色，下垂；中萼片卵状披针形；侧萼片斜卵状披针形；花瓣椭圆形；下唇瓣蝙蝠状，中间凹陷并具2条鸡冠状纵褶片；蒴果倒卵状椭圆形。花期7月，果期9月。

秦岭太白山及南坡的商县、宁陕县有分布；生于海拔约2500m的山坡上。

花正面观　　未成熟的幼果　　植株

279 银兰*Cephalanthera erecta

兰科 Orchidaceae　头蕊兰属 Cephalanthera

地生草本；茎直立，下部具 2~4 枚鞘；叶片椭圆形至卵状披针形，基部收狭抱茎；总状花序具花 3~10；花苞片通常较小，最下面 1 枚常为叶状；花白色；萼片长圆状椭圆形；花瓣与萼片相似，但稍短；唇瓣 3 裂，基部有距，伸出侧萼片基部之外；蒴果狭椭圆形或宽圆筒形。花期 4~6 月，果期 8~9 月。

秦岭各地广布，尤以华山一带最多；生于海拔 1400~1800m 的林下或坡上。

280 羊耳蒜*Liparis japonica

兰科 Orchidaceae　羊耳蒜属 Liparis

地生草本；假鳞茎卵形，外被白色的薄膜质鞘；叶 2，卵形，边缘皱波状，基部成鞘状柄；数朵至 10 余朵花成总状花序；花苞片狭卵形；花通常淡绿色，有时带紫红色；萼片线状披针形；花瓣丝状；唇瓣近倒卵形；蒴果倒卵状长圆形。花期 6~8 月，果期 9~10 月。

秦岭南北坡均有分布；生于海拔 1400~1800m 的林下砂地或丛林中。

281 杜鹃兰* Cremastra appendiculata

兰科 Orchidaceae 杜鹃兰属 Cremastra

假鳞茎卵球形，有关节；叶通常1，生于假鳞茎顶端；花葶从假鳞茎上部节上发出，近直立，花序总状；花苞片卵状披针形；花常偏花序一侧，多少下垂，不完全开放，有香气，黄褐色，唇瓣上带红色；花瓣倒披针形；唇瓣与花瓣近等长，线形；蒴果近椭圆形。花期5~6月，果期9~12月。

秦岭中段南北坡均有分布；生于林下湿处。

282 布袋兰* Calypso bulbosa

兰科 Orchidaceae 布袋兰属 Calypso

假鳞茎近椭圆形，有节；叶1，卵形；花葶明显长于叶，中下部有筒状鞘；花苞片膜质，披针形；花单朵；萼片与花瓣相似，向后伸展，线状披针形；唇瓣扁囊状，3裂，侧裂片半圆形，近直立，中裂片扩大，向前延伸，囊向前延伸，有紫色粗斑纹，末端呈双角状。花期4~6月。

秦岭仅见于宁陕县火地塘和佛坪三官庙；生于海拔1800m左右的林下。

植物种中文名索引

A
凹舌兰	141

B
八角枫	85
巴山冷杉	13
白背铁线蕨	3
白花草木犀	65
白花堇菜	81
白毛山梅花	51
白三七	48
白檀	94
苞叶龙胆	97
宝盖草	106
北京堇菜	81
北岭黄堇	44
布袋兰	144

C
苍耳七	49
糙苏	105
草藤	68
叉枝蒎	104
插田泡	57
长柄山蚂蝗	67
长柄唐松草	31
长序变豆菜	89
常春藤	88
齿萼报春	92
重楼	134
稠李	63
川百合	136
川赤芍	40
川党参	122
川东紫堇	44
川鄂柳	18
川陕金莲花	29
穿龙薯蓣	137
垂丝丁香	95
刺榛	19
粗榧	15

丛茎龙胆	97
粗毛牛膝菊	125

D
大百合	135
大苞景天	46
大花金挖耳	123
大花牛姆瓜	38
大火草	35
大叶假冷蕨	5
大叶三七	88
大叶碎米荠	46
大叶醉鱼草	111
倒卵果紫堇	44
灯台树	86
棣棠花	57
东方草莓	59
东陵八仙花	52
东陵绣球	52
杜鹃兰	144
短腺小米草	113
短枝六道木	118
短柱侧金盏花	35
钝萼附地菜	103
钝叶蔷薇	62
多花木蓝	65
多毛樱桃	63

E
峨眉蔷薇	62
鄂西卷耳	25
耳羽川西金毛裸蕨	4
耳羽金毛裸蕨	4
耳羽岩蕨	6

F
翻白繁缕	24
繁缕景天	47
返顾马先蒿	115
费菜	47
肺筋草	131
粉背南蛇藤	76

粉条儿菜	131
风车草	109
福王草	129
覆盆子	57

G
甘菊	126
甘露子	108
甘肃海棠	56
革叶耳蕨	7
葛	69
葛藟	78
葛藟葡萄	78
弓茎悬钩子	58
勾儿茶	78
沟酸浆	111
狗筋蔓	26
挂金灯	110
管花鹿药	133
贯叶连翘	43
贯众	7
光滑柳叶菜	84
光叶粉花绣线菊	54
光叶高丛珍珠梅	54
光叶珍珠梅	54
广布红门兰	141
广布野豌豆	68
过路黄	93

H
海州常山	103
杭子梢	68
荷青花	43
褐鞘毛茛	34
红豆杉	15
红花绣线菊	54
红桦	18
红升麻	51
湖北大戟	71
湖北花楸	55
湖北老鹳草	70
花葶乌头	33

华北耧斗菜	30	藜芦	134	破子草	90
华北落叶松	13	两型豆	69	蒲儿根	128
华北石韦	8	列当	116	普通凤丫蕨	3
华山松	12	菱形茴芹	91		
华西枫杨	17	菱叶红景天	48	**Q**	
华西银腊梅	60	菱叶茴芹	91	七叶鬼灯檠	50
华蟹甲	128	领春木	29	七叶一枝花	134
华中五味子	27	六叶葎	100	漆	72
桦叶荚蒾	117	龙牙草	61	千金榆	19
黄海棠	42	陇东海棠	56	茜草	100
黄花油点草	132	陇南凤仙花	75	巧玲花	95
黄瑞香	79	鹿蹄草	91	青麸杨	73
黄水枝	50	路边青	59	青荚叶	87
黄腺香青	124	驴蹄草	30	青杞	110
灰栒子	55	绿花百合	135	青榨槭	74
茴茴蒜	34	卵叶扁蕾	98	球茎虎耳草	48
活血丹	104	卵叶韭	136		
火烧兰	142	落新妇	51	**R**	
火焰草	47			日本续断	120
		M		柔毛金腰	49
J		麻叶风轮菜	109	锐齿槲栎	20
鸡骨柴	109	马桑	72	锐齿栎	20
鸡矢藤	101	蔓孩儿参	24		
鸡肫梅花草	49	猫儿屎	38	**S**	
假豪猪刺	37	猫屎瓜	38	三脉紫菀	122
尖瓣紫堇	44	毛连菜	130	三褶脉紫菀	122
尖唇鸟巢兰	142	毛裂蜂斗菜	126	三枝九叶草	37
尖叶栒子	55	毛脉柳兰	84	三籽两型豆	69
角翅卫矛	77	毛杓兰	140	伞房草莓	59
金灯藤	102	毛叶丁香	95	山胡椒	28
金钱槭	73	美花鹿蹄草	91	山冷水花	22
绢毛匍匐委陵菜	60	美丽胡枝子	67	山莓	58
绢毛细蔓委陵菜	60	美丽芍药	40	山梅花	51
		猕猴桃	41	山西马先蒿	114
K		木姜子	27	山莴菜	45
苦树	71	木贼	10	山竹花	133
苦糖果	116	墓头回	119	珊瑚苣苔	115
库莎红门兰	141			陕西粉背蕨	2
宽叶薹草	140	**N**		商陆	23
款冬	127	南赤爬	83	少脉椴	79
魁蓟	129	牛姆瓜	38	少穗花	133
阔苞凤仙花	75	牛奶子	80	蛇果黄堇	45
				蛇果紫堇	45
L		**P**		肾叶橐吾	127
蜡子树	96	盘果菊	129	升麻	32
棶木	85	盘腺樱桃	64	石沙参	120
狼牙	61	盘叶忍冬	117	石生蝇子草	25
狼牙委陵菜	61	膀胱果	77	疏花婆婆纳	112
类叶升麻	32	泡花树	74	疏毛油点草	132
篱打碗花	102	披针叶胡颓子	80	蜀五加	87

鼠掌老鹳草	70	武当木兰	26	银兰	143
栓皮栎	20			银露梅	60
双蝴蝶	96	**X**		银线草	39
双花堇菜	82	西五味子	27	淫羊藿	37
水青树	28	细野麻	21	油松	12
水杨梅	59	狭瓣侧金盏花	35	莸	104
丝裂沙参	121	夏枯草	105	有边瓦韦	9
四川樱桃	64	藓生马先蒿	114	鼬瓣花	106
四萼猕猴桃	41	腺药珍珠菜	93	羽裂华蟹甲草	128
四蕊猕猴桃	41	香附子	139	羽裂叶莛子藨	118
四叶葎	101	小花草玉梅	36	玉竹	132
四照花	86	小花火烧兰	142	圆菱叶山蚂蟥	67
松潘乌头	33	小婆婆纳	113	圆锥山蚂蝗	66
楤木	89	小窃衣	90	云南大百合	135
宿柱白蜡树	94	楔基虎耳草	48	云南菁	125
宿柱梣	94	斜萼草	108	云南山荚菜	45
酸模叶蓼	23	缬草	119	云杉	14
莎草	139	心叶瓶尔小草	2		
索骨丹	50	心脏叶瓶尔小草	2	**Z**	
		秀雅杜鹃	92	藏刺榛	19
T		绣球藤	36	早熟禾	138
唐棣	56	绣线梅	53	獐牙菜	98
糖茶藨子	53	续断	120	中国粗榧	15
藤山柳	42	萱草	131	中国旌节花	82
蹄叶橐吾	127	悬钩子	58	中华抱茎蓼	22
天蓝苜蓿	64	旋花	102	中华荚果蕨	6
天南星	139			中华猕猴桃	41
铁角蕨	5	**Y**		中华秋海棠	83
铁杉	14	鸭跖草	137	中华水龙骨	8
莛子藨	118	崖棕	140	中华蹄盖蕨	4
葶乌头	33	兖州卷柏	9	中华绣线梅	53
通泉草	112	羊耳蒜	143	朱砂藤	99
莛梗花	118	野葛	69	朱砂玉兰	26
托柄菝葜	130	野核桃	17	珠光香青	124
椭圆叶花锚	97	野胡桃	17	珠芽艾麻	21
		野芝麻	107	珠芽蝥麻	21
W		野苎麻	21	竹灵消	99
瓦山水胡桃	17	一把伞南星	139	竹叶子	138
万寿竹	133	一年蓬	123	紫斑风铃草	121
卫矛	76	异色溲疏	52	紫萼女娄菜	25
问荆	10	异叶败酱	119	紫花大叶柴胡	90
巫山柳	18	异叶马兜铃	39	紫云英	66
无距耧斗菜	31	益母草	107	总状花序山蚂蟥	66

植物种拉丁学名索引

A

Abelia engleriana	118
Abies fargesii	13
Acanthopanax setchuenensis	87
Acer davidii	74
Achillea wilsoniana	125
Aconitum scaposum	33
Aconitum sungpanense	33
Actaea asiatica	32
Actinidia chinensis	41
Actinidia tetramera	41
Adenophora capillaris	121
Adenophora polyantha	120
Adiantum davidii	3
Adonis brevistyla	35
Agrimonia pilosa	61
Alangium chinense	85
Aletris spicata	131
Aleuritopteris shensiensis	2
Allium ovalifolium	136
Amelanchier sinica	56
Amphicarpaea edgeworthii	69
Anaphalis aureopunctata	124
Anaphalis margaritacea	124
Anemone rivularis var. flore-minore	36
Anemone tomentosa	35
Aquilegia ecalcarata	31
Aquilegia yabeana	30
Aralia chinensis	89
Arisaema erubescens	139
Aristolochia kaempferi f. heterophylla	39
Asplenium trichomanes	5
Aster ageratoides	122
Astilbe chinensis	51
Astragalus sinicus	66
Athyrium sinense	4

B

Begonia grandis subsp. sinensis	83
Berberis soulieana	37
Berchemia sinica	78
Betula albosinensis	18
Boehmeria gracilis	21
Bothrocaryum controversum	86
Buddleja davidii	111
Bupleurum longiradiatum var. porphyranthum	90

C

Caltha palustris	30
Calypso bulbosa	144
Calystegia sepium	102
Campanula punctata	121
Campylotropis macrocarpa	68
Cardamine macrophylla	46
Cardiocrinum giganteum	135
Carex siderosticta	140
Carpesium macrocephalum	123
Carpinus cordata	19
Caryopteris divaricata	104
Celastrus hypoleucus	76
Cephalanthera erecta	143
Cephalotaxus sinensis	15
Cerastium wilsonii	25
Cerasus polytricha	63
Cerasus szechuanica	64
Chloranthus japonicus	39
Chrysosplenium pilosum var. valdepilosum	49
Cimicifuga foetida	32
Cirsium leo	129
Clematis montana	36
Clematoclethra lasioclada	42

Clerodendrum trichotomum	103
Clinopodium urticifolium	109
Codonopsis tangshen	122
Coeloglossum viride	141
Commelina communis	137
Coniogramme intermedia	3
Corallodiscus cordatulus	115
Coriaria nepalensis	72
Corydalis acuminata	44
Corydalis fargesii	44
Corydalis ophiocarpa	45
Corylus ferox var. thibetica	19
Cotoneaster acutifolius	55
Cremastra appendiculata	144
Cucubalus baccifer	26
Cuscuta japonica	102
Cynanchum inamoenum	99
Cynanchum officinale	99
Cyperus rotundus	139
Cypripedium franchetii	140
Cyrtomium fortunei	7

D

Daphne giraldii	79
Decaisnea insignis	38
Dendranthema lavandulifolium	126
Dendrobenthamia japonica var. chinensis	86
Desmodium elegans	66
Deutzia discolor	52
Dioscorea nipponica	137
Dipsacus japonicus	120
Dipteronia sinensis	73
Disporum cantoniense	133

E

Elaeagnus lanceolata	80
Elaeagnus umbellata	80
Elsholtzia fruticosa	109
Epilobium amurense subsp. cephalostigma	84
Epilobium angustifolium subsp. circumvagum	84
Epimedium sagittatum	37
Epipactis helleborine	142
Equisetum arvense	10

Equisetum hyemale	10
Erigeron annuus	123
Euonymus alatus	76
Euonymus cornutus	77
Euphorbia hylonoma	71
Euphrasia regelii	113
Euptelea pleiosperma	29
Eutrema yunnanense	45

F

Fragaria orientalis	59
Fraxinus stylosa	94

G

Galeopsis bifida	106
Galinsoga quadriradiata	125
Galium asperuloides subsp. hoffmeisteri	100
Galium bungei	101
Gentiana incompta	97
Gentianopsis paludosa var. ovatodeltoidea	98
Geranium rosthornii	70
Geranium sibiricum	70
Geum aleppicum	59
Glechoma longituba	104
Gymnopteris bipinnata var. auriculata	4

H

Halenia elliptica	97
Hedera nepalensis var. sinensis	88
Helwingia japonica	87
Hemerocallis fulva	131
Holboellia grandiflora	38
Hydrangea bretschneideri	52
Hylomecon japonica	43
Hypericum ascyron	42
Hypericum perforatum	43

I

Impatiens latebracteata	75
Impatiens potaninii	75
Indigofera amblyantha	65

J

Juglans cathayensis	17

K

Kerria japonica	57

L

Lamium amplexicaule	106
Lamium barbatum	107
Laportea bulbifera	21
Larix principis-rupprechtii	13
Leonurus artemisia	107
Lepisorus marginatus	9
Lespedeza formosa	67
Ligularia fischeri	127
Ligustrum molliculum	96
Lilium davidii	136
Lilium fargesii	135
Lindera glauca	28
Liparis japonica	143
Litsea pungens	27
Lonicera fragrantissima subsp. standishii	116
Lonicera tragophylla	117
Loxocalyx urticifolius	108
Lysimachia christiniae	93
Lysimachia stenosepala	93

M

Magnolia sprengeri	26
Malus kansuensis	56
Matteuccia intermedia	6
Mazus japonicus	112
Medicago lupulina	64
Melilotus albus	65
Meliosma cuneifolia	74
Mimulus tenellus	111

N

Neillia sinensis	53
Neottia acuminata	142

O

Ophioglossum reticulatum	2
Orchis chusua	141
Orobanche coerulescens	116

P

Padus racemosa	63
Paederia scandens	101
Paeonia mairei	40
Paeonia veitchii	40
Panax pseudoginseng var. japonicus	88
Paris polyphylla	134
Parnassia wightiana	49
Patrinia heterophylla	119
Pedicularis muscicola	114
Pedicularis resupinata	115
Pedicularis shansiensis	114
Petasites tricholobus	126
Philadelphus incanus	51
Phlomis umbrosa	105
Physalis alkekengi var. franchetii	110
Phytolacca acinosa	23
Picea asperata	14
Picrasma quassioides	71
Picris hieracioides	130
Pilea japonica	22
Pimpinella rhomboidea	91
Pinus armandii	12
Pinus tabuliformis	12
Poa annua	138
Podocarpium podocarpum	67
Polygonatum odoratum	132
Polygonum amplexicaule var. sinense	22
Polygonum lapathifolium	23
Polypodiodes chinensis	8
Polystichum neolobatum	7
Potentilla cryptotaeniae	61
Potentilla glabra	60
Potentilla reptans var. sericophylla	60
Prenanthes tatarinowii	129
Primula odontocalyx	92
Prunella vulgaris	105

Pseudocystopteris atkinsonii	5
Pseudostellaria davidii	24
Pterocarya insignis	17
Pueraria lobata	69
Pyrola calliantha	91
Pyrrosia davidii	8

Q

Quercus aliena var. acutiserrata	20
Quercus variabilis	20

R

Ranunculus chinensis	34
Ranunculus vaginatus	34
Rhodiola henryi	48
Rhododendron concinnum	92
Rhus potaninii	73
Ribes himalense	53
Rodgersia aesculifolia	50
Rosa omeiensis	62
Rosa sertata	62
Rubia cordifolia	100
Rubus corchorifolius	58
Rubus coreanus	57
Rubus flosculosus	58

S

Salix fargesii	18
Sanicula elongata	89
Saxifraga sibirica	48
Schisandra sphenanthera	27
Sedum aizoon	47
Sedum amplibracteatum	46
Sedum stellariifolium	47
Selaginella involvens	9
Silene tatarinowii	25
Sinacalia tangutica	128
Sinosenecio oldhamianus	128
Smilacina henryi	133
Smilax discotis	130
Solanum septemlobum	110
Sorbaria arborea var. glabrata	54
Sorbus hupehensis	55

Spiraea japonica var. fortunei	54
Stachys sieboldii	108
Stachyurus chinensis	82
Staphylea holocarpa	77
Stellaria discolor	24
Streptolirion volubile	138
Swertia bimaculata	98
Swida macrophylla	85
Symplocos paniculata	94
Syringa komarowii var. reflexa	95
Syringa pubescens	95

T

Taxus chinensis	15
Tetracentron sinense	28
Thalictrum przewalskii	31
Thladiantha nudiflora	83
Tiarella polyphylla	50
Tilia paucicostata	79
Torilis japonica	90
Toxicodendron vernicifluum	72
Tricyrtis maculata	132
Trigonotis amblyosepala	103
Triosteum pinnatifidum	118
Tripterospermum chinense	96
Trollius buddae	29
Tsuga chinensis	14
Tussilago farfara	127

V

Valeriana officinalis	119
Veratrum nigrum	134
Veronica laxa	112
Veronica serpyllifolia	113
Viburnum betulifolium	117
Vicia cracca	68
Viola biflora	82
Viola patrinii	81
Viola pekinensis	81
Vitis flexuosa	78

W

Woodsia polystichoides	6